高职高专系列教材·通信类

数字通信技术

主　编　张　萍
副主编　陈碧云　郭玉言　冯　伟

西安电子科技大学出版社

内 容 简 介

本书共分6章，包括数字通信的基础知识、模拟信号数字化、数字信号的基带传输、数字信号的频带传输、数字复接与同步技术、差错控制编码等内容。每章都有相应的练习题，并以二维码的形式配套提供课件和重要知识点的讲解视频。

本书兼顾信息技术应用型本科教育和高职高专教育的特点，系统性强，内容编排连贯，叙述深入浅出，注重通信系统的基础知识，突出基本概念和基本原理，侧重讲述各种通信技术的性能、物理意义与应用，并列举了大量例子加以说明。同时，本书还注重反映最新的现代通信技术及其应用情况。

本书可作为高职高专通信、电子、计算机、自动化和相近专业的教材，也可供相应工程技术人员阅读和参考。

图书在版编目(CIP)数据

数字通信技术/张萍主编. —西安：西安电子科技大学出版社，2018.6(2020.12 重印)
ISBN 978-7-5606-4895-8

Ⅰ. ①数…　Ⅱ. ①张…　Ⅲ. ①数字通信　Ⅳ. ①TN914.3

中国版本图书馆 CIP 数据核字(2018)第 060298 号

策　　划　马乐惠　马　琼
责任编辑　马武装
出版发行　西安电子科技大学出版社(西安市太白南路2号)
电　　话　(029)88242885　88201467　　邮　　编　710071
网　　址　www.xduph.com　　电子邮箱　xdupfxb001@163.com
经　　销　新华书店
印刷单位　陕西天意印务有限责任公司
版　　次　2018年6月第1版　2020年12月第2次印刷
开　　本　787毫米×1092毫米　1/16　印张 10
字　　数　231千字
印　　数　3001～5000册
定　　价　21.00元
ISBN 978-7-5606-4895-8/TN

XDUP 5197001-2

前　言

人类社会已步入信息化时代，信息成为一个国家和民族经济发展的重要战略资源和独特的生产要素。在全球数字化的今天，通信技术面临着前所未有的高科技挑战。此时，数字通信作为现代通信系统的一项基本技术，为通信技术迅速发展不断注入新的生机与活力。

本书由多位具有多年一线“数字通信原理”教学与科研经验的优秀教师共同执笔完成，编者们将教学与科研经验恰当地融入每个章节，对难点知识进行实例剖析，并配以通过二维码呈现的视频，更加便于学生掌握，对读者学习本专业课程及以后从事数字通信方面的工作能起到良好的指导作用。

本书共分 6 章，包括数字通信的基础知识、模拟信号数字化、数字信号的基带传输、数字信号的频带传输、数字复接与同步技术、差错控制编码等内容。具体内容如下：

第 1 章数字通信的基础知识，简要介绍信号、通信及数字通信的基本概念，阐述了信号的分类、波形变换、频谱分析等，还介绍了通信的分类，并着重介绍数字通信系统的组成部分及基本通信模式，全面地分析数字通信中涉及的主要性能指标。

第 2 章模拟信号数字化，详细介绍了数字化传输中的抽样定理、量化方式、脉冲编码调制 PCM。

第 3 章数字信号的基带传输，主要介绍数字基带信号传输的基本原理、方法及传输的性能。

第 4 章数字信号的频带传输，介绍数字频带传输的基本方式，如振幅键控（ASK）、频移键控（FSK）和相移键控（PSK），并针对不同类型的数字调制系统进行详细介绍。

第 5 章数字复接与同步技术，介绍数字复用技术和同步技术。

第 6 章差错控制编码，介绍实现差错控制的基本概念，讨论了差错控制编码中最基本的线性分组码和卷积码编译码方法。

本书点面兼顾，循序渐进，注重重要概念的引入及分析方法与实际应用相结合，语言简练，逻辑性强，展现了数字通信原理的精彩，可增强学生的学习兴趣。

本书由张萍担任主编，由陈碧云、郭玉言和冯伟担任副主编。具体分工为：张萍编写第 2、4 章，郭玉言编写第 1、6 章，陈碧云编写第 3 章，冯伟编写 5 章。全书由张萍统稿。

本书在编写过程中得到了作者单位的支持和其他同事的鼎力帮助，在此一并表示感谢。

由于时间仓促以及编者水平有限，难免存在不妥之处，恳请读者批评指正。

编　者

2017 年 10 月

目录

第 1 章 数字通信的基础知识

学习目标

1. 掌握信号的概念与信号的分类；
2. 了解信号的基本运算、波形变换以及几个常见信号；
3. 掌握信号频谱的概念与意义；
4. 了解通信系统的组成；
5. 掌握数字通信系统的特性；
6. 掌握数字通信系统的性能指标；
7. 掌握通信的方式。

学习重点

1. 信号的概念、分类以及几个常用信号的认识；
2. 信号频谱的概念与意义；
3. 数字通信系统构成及特点；
4. 通信方式；
5. 数字通信的主要性能指标。

学习难点

1. 信号的波形变换；
2. 傅立叶级数分析、傅立叶变换分析以及频谱的意义；
3. 信号通过线性系统的分析；
4. 信息及其度量；
5. 数字通信的主要性能指标。

课前预习相关的内容

1. 通信系统的基本组成；
2. 三角函数；
3. 预习电路基础中的正弦信号、传输函数及数学中的对数运算。

1.1 信 号

日常生活中，人与人之间的沟通与交流是必不可少的。这种沟通交流可以采取不同的形式，如面对面交流，采用固定电话或移动电话、电子邮件、即时通信软件、卫星通信等。人类通过这些方式可以实现资源和信息的共享。信息就是人类沟通和交流的一切内容，它可以以语音、文字、数字和图像等形式来实现。信息往往不能直接传输，必须通过某种载体实现它的传递和交换。

信息

信号是信息传输的载体，是表示信息的物理量。当要传输的信息为图像时，首先将图像进行编码，使它转换成0、1比特形式的数据流(即图像信号)，用图像信号代替图像进行传输。到了接收端，将收到的图像信号进行译码，还原出图像信息。

信号

在通信系统中，传输的信号主要是由某些电的参量(如电压、电流等物理量)表示的。在通信系统中，常见的信号有：语音信号、图像信号和数据信号。信号的数学描述通常是变量为时间的函数，因此，信号也称为“函数”。

1.1.1 典型信号

下面介绍几种常见的典型信号。

1. 矩形脉冲 $g_\tau(t)$

矩形脉冲又称“门函数”，其宽度为 τ，幅度为1。波形如图1-1所示。其定义为

$$g_\tau(t)=\begin{cases}1 & -\frac{\tau}{2}<t<\frac{\tau}{2} \\ 0 & \text{其他}\end{cases} \tag{1-1}$$

在数字通信中，一个码元符号通常用矩形脉冲来表示，如图1-1所示。

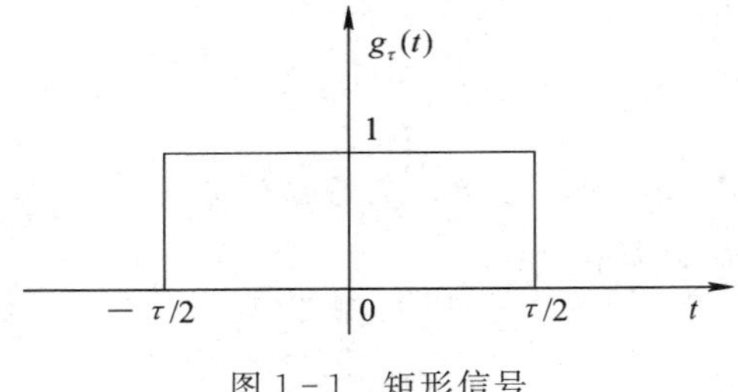

图1-1 矩形信号

2. 冲激信号 $\delta(t)$

如果要考察某些物理量在空间或时间坐标上集中于一点的物理现象(如作用时间趋近于零的冲击力、宽度趋近于零的电脉冲等)，冲激信号就是描述这类现象的物理模型。

冲激信号用符号 $\delta(t)$表示，其一般定义式为

$$\delta(t)=\begin{cases}\infty & t=0\\ 0 & t\neq 0\end{cases} \quad 及 \quad \int_{-\infty}^{\infty}\delta(t)\mathrm{d}t=1 \tag{1-2}$$

其波形如图 1-2 所示。

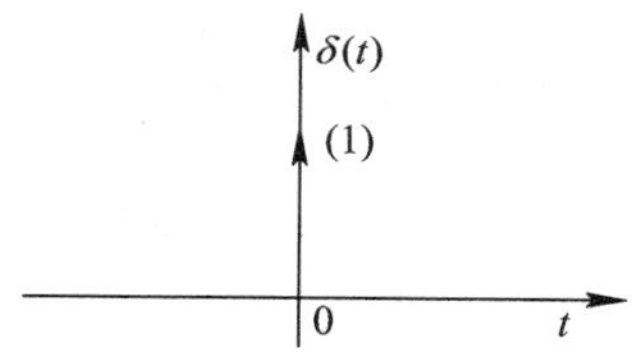

图 1-2　冲激信号

冲激信号是一个理想信号，它是对持续时间无限短、强度无限大的物理量的一种理想描述。它表示在 $t\neq 0$ 时，其函数值都等于零，只有在 $t=0$ 处有趋于无穷的值。$\int_{-\infty}^{\infty}\delta(t)\mathrm{d}t=1$ 的含义是该函数波形下的面积等于 1，通常称为 $\delta(t)$的强度，在表示冲激信号 $\delta(t)$的强度时，用括号括起来，与普通信号的幅值相区分。

冲激信号另一种理解是将矩形脉冲脉宽趋于零。如图 1-3 所示，$g_\tau(t)$是宽度为 τ，高度为 $1/\tau$，面积 $A=1$ 的矩形脉冲。当 $\tau\to 0$ 时，$g_\tau(t)$变为一个宽度为无穷小，高度为无穷大，但面积仍为 1 的极窄脉冲。将这个极限脉冲定义为单位冲激函数 $\delta(t)$，即

冲激信号

$$\delta(t)=\lim_{\tau\to 0} g_\tau(t)$$

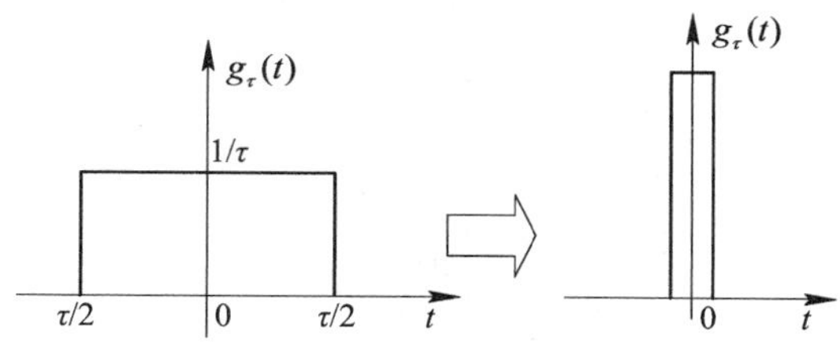

图 1-3　冲激函数

冲激信号具有如下性质：

(1) 筛选特性(抽样性质)。

若函数 $f(t)$在 $t=0$ 连续，则有

$$f(t)\delta(t)=f(0)\delta(t) \tag{1-3}$$

物理意义：冲激信号与任何函数的乘积，只选该函数在 $\delta(t)$所在位置 $t=0$ 处的值，而将其他值都滤掉，如图 1-4 所示。

对于移位的情况，若函数 $f(t)$在 $t=t_0$ 连续，则有

$$f(t)\delta(t-t_0)=f(t_0)\delta(t-t_0) \tag{1-4}$$

在数字通信中，模拟信号转化为数字信号的抽样过程中，理想的抽样就是用周期性的冲激序列对模拟信号进行抽样，冲激信号把信号 $f(t)$在作用时刻 t_0 的值抽样出来作为自己的强度。

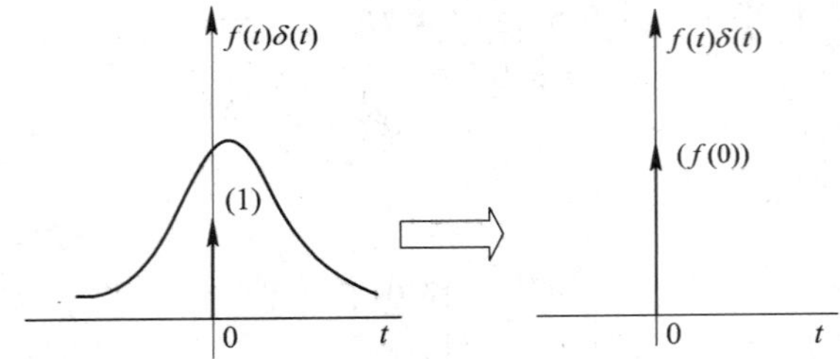

图 1-4　冲激信号的抽样性质

(2) 积分特性。

将式(1-4)两边进行定积分，有

$$\int_{-\infty}^{\infty} f(t)\delta(t-t_0)\mathrm{d}t = f(t_0) \tag{1-5}$$

若 $t_0=0$，则式(1-5)变为

$$\int_{-\infty}^{\infty} f(t)\delta(t)\mathrm{d}t = f(0) \tag{1-6}$$

若积分上下限不是无穷，则有

$$\int_{t_1}^{t_2} f(t)\delta(t-t_0)\mathrm{d}t = \begin{cases} 0 & t_0 \notin (t_1, t_2) \\ f(t_0) & t_0 \in (t_1, t_2) \end{cases} \tag{1-7}$$

3. 抽样函数 $Sa(t)$

抽样函数是正弦函数与自变量的比值，其表达式为

$$Sa(t) = \frac{\sin t}{t} \tag{1-8}$$

其波形如图 1-5 所示。

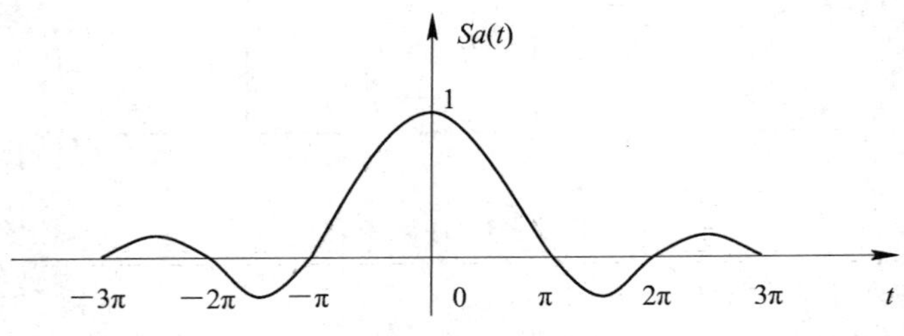

图 1-5　抽样函数

从图 1-5 可知抽样函数具有以下特点：

(1) $Sa(t)$关于 y 轴对称，即为偶函数，$Sa(t)=Sa(-t)$。

(2) $Sa(t)$在中心点 $t=0$ 处的值最大，$Sa(0)=1$，随着$|t|$的增加，$Sa(t)$振荡衰减，且有 $\lim\limits_{t\to\infty} Sa(t)=0$。

(3) 有无数个零点，当 $t=\pm\pi, \pm 2\pi, \cdots$时，$Sa(t)=0$。

(4) $Sa(t)$在$[-\pi, \pi]$的值称为主瓣，即正负第一零点之间，其他相邻零点之间的值称为旁瓣。

1.1.2　信号的分类

信号根据不同的角度有不同的分类，下面讨论几种常见的信号。

1. 确定信号与随机信号

根据信号随时间变化的规律，可以把信号分为确定信号和随机信号。

可以用明确的数学表达式表示其随时间变化关系的信号就是确定信号。反之，不能用明确的数学表达式表达的信号称为随机信号。

对于确定信号来说，即使在还未到达的时刻也能确定该时刻的函数值，如正弦信号。随机信号不能预知它随时间变化的规律，如天气的变化规律、投掷硬币出现的正反面情况等。实际的信号往往都是随机信号，因为如果在通信中传输的 0、1 比特流具有确定性，就不再有通信的意义了。

2. 周期信号与非周期信号

确定信号又可分为周期信号和非周期信号。

每隔一个固定的时间间隔 T(即周期)按相同规律重复变化的信号称为周期信号。一般将周期信号记作 $f(t)=f(t+nT)$，其中 $n=0, \pm1, \pm2\cdots$。非周期信号不具有重复性。

3. 连续信号与离散信号

信号的时域波形一般用两个参量来表示，横坐标表示时间，纵坐标表示幅度。

按时间取值是否连续，将信号分为连续信号和离散信号。

连续信号是指除有限个间断点外，对于任意的时间点函数都有对应的取值，一般记作 $f(t)$，如图 1-6 所示。离散信号是指仅在一些离散的瞬间才有定义的信号。通常我们讨论的离散信号是在均匀间隔的时间点上，记作 $f(nT)(n=0, \pm1, \pm2\cdots)$，简写为 $f(n)$，如图 1-7 所示。

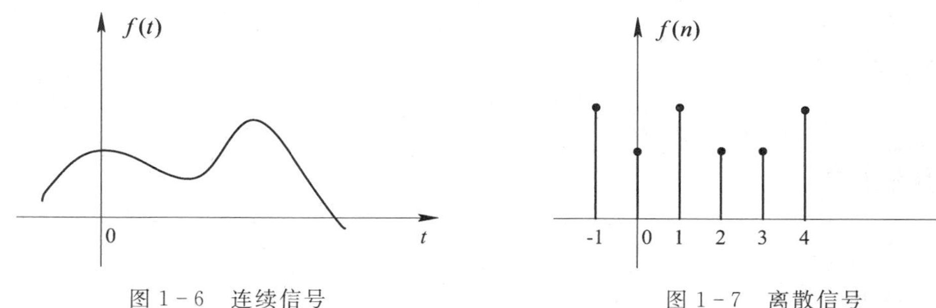

图 1-6　连续信号　　图 1-7　离散信号

4. 模拟信号与数字信号

按幅度取值是否连续，将信号分为模拟信号和数字信号。

模拟信号是指幅度随时间连续变化的信号，其特点是幅度连续。连续的含义是指在某一取值范围内可以取无限多个幅值。模拟信号如图1-8所示。语音信号就是典型的模拟信号。

模拟信号与数字信号

数字信号是指幅度随时间离散变化的，其特点是幅度具有跃变性，即幅值被限制在有限个数值之内，如数字电话信号、计算机信号、数字电视信号等，如图 1－9 所示。

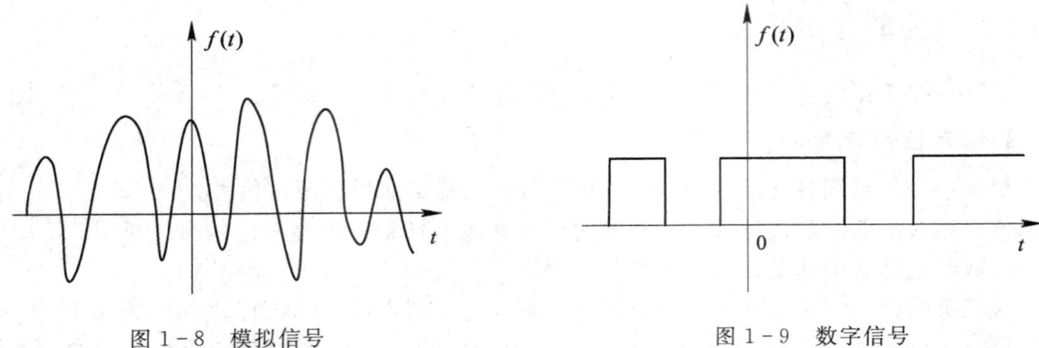

图 1－8　模拟信号　　　　图 1－9　数字信号

1.1.3　信号的运算及波形变换

在进行系统分析的过程中，经常遇到信号的基本运算与波形变换。

1. 信号的基本运算

由于信号的数学形态就是变量为时间的函数，因此可以对信号进行基本运算。一般的函数运算相当于信号幅度运算。

常用的运算有：

(1) 加法运算：

$$y(t)=f_1(t)+f_2(t) \tag{1-9}$$

调音台是信号加法运算的实际例子，它将音乐和语言混合到一起。

(2) 乘法运算：

$$y(t)=f_1(t)\cdot f_2(t) \tag{1-10}$$

收音机的调幅信号是信号相乘的实际例子，它将音频信号 $f_1(t)$加载到被称为载波的正弦信号 $f_2(t)$上。

(3) 数乘运算：

$$y(t)=a\cdot f(t) \tag{1-11}$$

信号通过放大器后的信号变换。

(4) 微分运算：

$$y(t)=\frac{\mathrm{d}}{\mathrm{d}t}f(t) \tag{1-12}$$

信号经微分运算后突出其变化部分。

(5) 积分运算：

$$y(t)=\int_{-\infty}^{t}f(\tau)\mathrm{d}\tau \tag{1-13}$$

信号经积分运算后，得到原信号在$(-\infty, t)$区间上所包含的净面积。

2. 信号的波形变换

由于信号是变量为时间的函数，如果对信号的时间 t 运算，则信号在时间轴上就会有相应的波形变换。

（1）反转：

$$f(t) \rightarrow f(-t)$$

将信号 $f(t)$ 中的自变量 t 换为 $-t$，则信号以纵坐标为中心反转。如图 1－10 所示。其实际应用有：如果 $f(t)$ 表示收录在磁带上的语音信号，则 $f(-t)$ 就代表将该磁带倒过来放音。

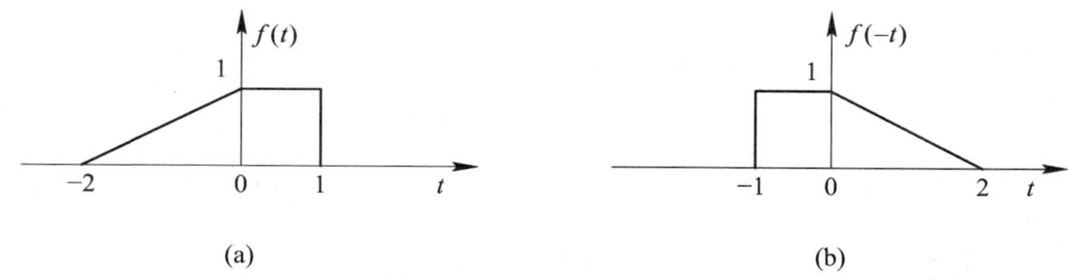

图 1－10　信号的反转

（2）平移：

$$f(t) \rightarrow f(t-t_0)$$

平移也称为移位。将信号 $f(t)$ 中的自变量 t 换为 $t-t_0$，t_0 为常数，则信号沿时间轴水平平移。当 $t_0>0$，$f(t-t_0)$ 相当于原信号 $f(t)$ 波形在 t 轴上右移 t_0 时间，即表示时间滞后；当 $t_0<0$ 时，$f(t-t_0)$ 相当于原信号 $f(t)$ 波形在 t 轴上左移 t_0，即表示时间超前，如图 1－11 所示。

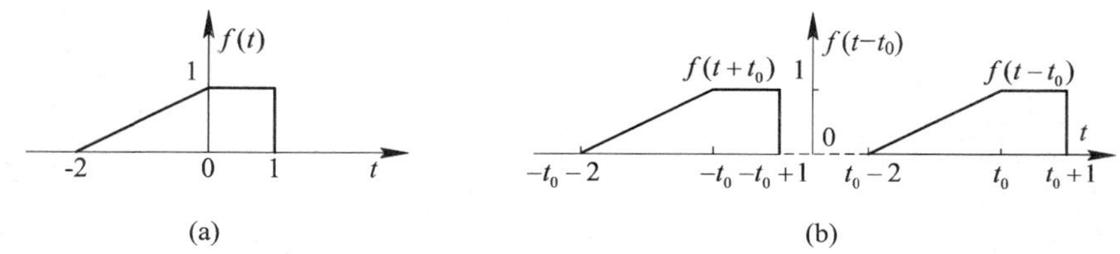

图 1－11　信号的平移

信号的平移在雷达、声呐和地震信号处理中经常遇到。利用位移信号 $f(t-t_0)$ 和原信号 $f(t)$ 在时间上的迟延，可以计算出目标和震源的距离。

（3）尺度变换(横坐标展缩)：

$$f(t) \rightarrow f(at)$$

用变量 at 代替原信号 $f(t)$ 的自变量 t，a 为常数，得到信号 $f(at)$，则信号沿时间轴展缩。

当 $|a|>1$，$f(at)$ 相当于 $f(t)$ 波形在 t 轴上压缩到原来的 $1/a$；当 $|a|<1$，$f(at)$ 相当于 $f(t)$ 波形在 t 轴上展宽至 $1/a$ 倍。图 1－12(b)和(c)分别画出了 $f(2t)$ 和 $f(1/2t)$ 的波形，图 1－12(d)画出了信号 $f(-2t)$ 的波形。

如果 $f(t)$ 表示收录在磁带上的语音信号，则 $f(at)$ 就表示以原来 2 倍的速度播放，其放音所需要的时间只为原来的 1/2。

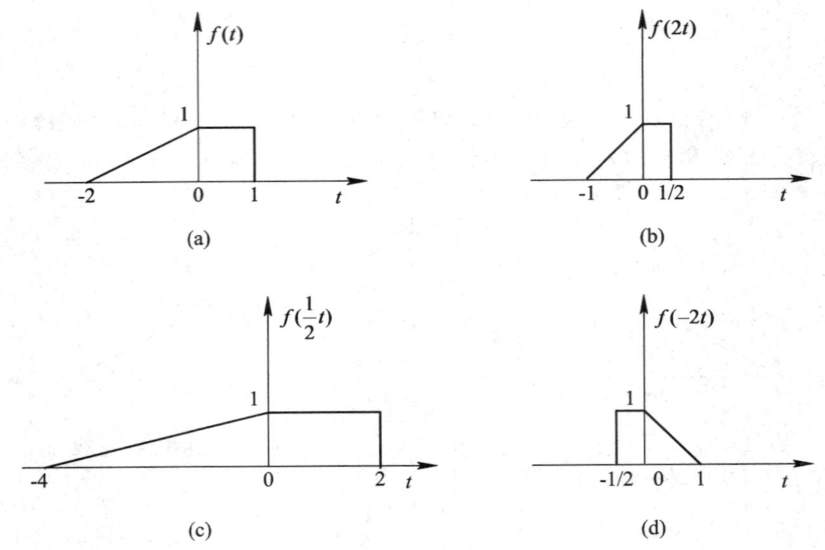

图 1－12　信号的尺度变换

【例 1－1】 信号 $f(t)$的波形如图 1－13(a)所示，画出信号 $f(-2t+4)$的波形。

解 将信号 $f(t)$左移，得到 $f(t+4)$，如图 1－13(b)所示；然后反转，得 $f(-t+4)$，如图 1－13(c)所示，再进行尺度变换，得 $f(-2t+4)$，其波形如图 1－13(d)所示。

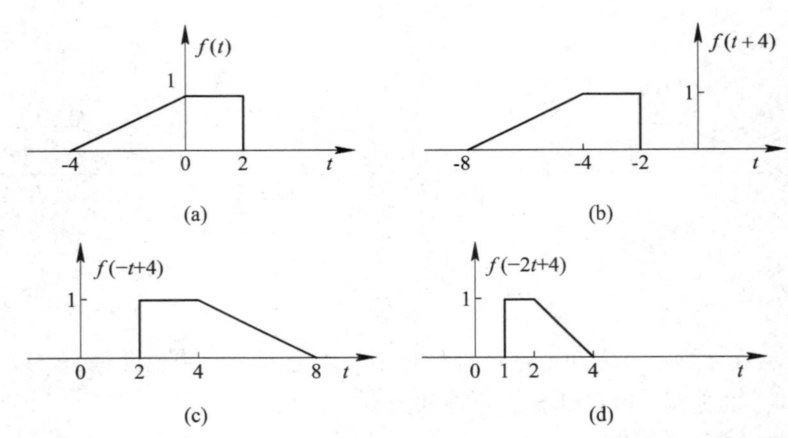

图 1－13　例 1－1 图

1.2　信号的频谱

前面讨论的信号一般是随时间变化的物理量。这种以时间为变量，将信号的幅值随时间变化的函数或图形来描述信号的方法称为时域描述。这种表示方法虽然简单直观，但只能反映信号的幅值随着时间变化的特性。

在工程中，人们通常不仅关心信号随着时间如何变化，还要研究信号的频率构成和各频率成分下幅度、相位的关系，即信号在频域上的分布情况。

信号的“域”不同，是指信号的变量不同，或描述信号的横坐标物理量不同。信号在不同域中的描述，使所需信号的特征更为突出，以便满足解决不同问题的需要。信号的时域描述和频域描述只是信号表示的不同形式。同一信号无论采用哪种方式描述，其所包含的内容是相同的。

信号的频谱

1.2.1　傅立叶变换

首先来看看两个简单信号的频率分布：如表 1－1 所示。

表 1－1　正弦信号和直流信号的频率分布

信号	表达式	角频率	振幅
正弦信号	$A\cos(\omega t)$	ω	A
直流信号	A	0	A

表 1－1 中，$\omega=2\pi f$。在信号分析中，通常将角频率 ω 与频率 f 都称为频率。从表 1－1中可以看出，正弦信号的能量只分布在一个频率点 ω 上，直流信号的能量也只分布在一个频率点 $\omega=0$ 上，其振幅 A 的大小反映了能量在这个频率点上能量的强弱。

对于一般的普通信号 $f(t)$，其能量在频率上的分布情况又是怎样的呢？首先来看看这样一个例子，某信号 $f(t)$的表达式为

$$f(t)=10+3\cos(50\pi t)+1.5\cos(100\pi t)+0.5\cos(200\pi t)$$

通过该式可以直观的得到结论：信号 $f(t)$由直流信号和几个正弦信号叠加而成，信号 $f(t)$的能量分布在频率点 $\omega=0$、50π、100π、200π 上，其相应的振幅大小反映了其能量分布的强弱。

傅立叶级数正是将信号分解成上例的类似情形，从而直观的得到信号的能量在频率上的分布情况：当周期信号 $f(t)$满足狄里赫利条件[①]时，则可以用傅立叶级数展开为三角函数形式

$$\begin{aligned}f(t)=&a_0+a_1\cos\omega_1 t+a_2\cos2\omega_1 t+a_3\cos3\omega_1 t+\cdots\\&+b_1\sin\omega_1 t+b_2\sin2\omega_1 t+b_3\sin3\omega_1 t+\cdots\end{aligned}$$

或

$$f(t)=a_0+\sum_{-\infty}^{\infty}(a_n\cos n\omega_1 t+b_n\sin n\omega_1 t) \tag{1-14}$$

式中，$\omega_1=2\pi/T$，称为信号 $f(t)$的基波频率，频率为 $n\omega_1$ 的正弦分量称为 n 次谐波；a_0 表示直流分量，a_n 和 b_n 表示各正弦分量的幅度，可由傅立叶积分给出，这里不再分析。

显然，傅立叶级数说明一个周期信号可能是由直流信号和无数个不同幅度、不同频率的交流信号组成，而各交流分量的频率总是基波频率 ω_1 的整数倍。因此，可以得到这样

① 狄里赫利(Dirichlet)条件是：(1) 函数在任意有限区间内连续，或只有有限个第一类间断点(当 t 从左或右趋于这个间断点时，函数有有限的左极限和右极限)；(2) 在一周期内，函数有有限个极大值和极小值。

的结论：一个周期信号，其能量可能分布在频率 $\omega=0$，ω_1，$2\omega_1$，$3\omega_1\cdots$的频率点上。

将式(1-14)中的各频率项合并，傅立叶级数还可以表示成以下形式

$$f(t)=A_0+\sum_{n=1}^{\infty}A_n\cos(n\omega_1+\varphi_n) \tag{1-15}$$

式中，$A_0=a_0$，$A_n=\sqrt{a_n^2+b_n^2}$，$\tan\varphi_n=\dfrac{a_n}{b_n}$。

根据欧拉公式，傅立叶级数还可以表示成复指数形式

$$f(t)=\sum_{n=-\infty}^{\infty}F_n e^{jn\omega_1 t} \tag{1-16}$$

式中，

$$F_n=\frac{1}{T}\int_0^T f(t)e^{-jn\omega_1 t}dt$$

该傅立叶级数形式说明，一个周期信号可能是由无数个具有不同复幅度的复指数分量组成，称 F_n 为各频率 $n\omega_1$ 点的复幅度。

1.2.2 常用信号的频谱

1. 周期信号的频谱

由上一节的讨论知道，将周期信号分解为傅立叶级数，为在频率域中认识信号特征提供了重要的手段。为了直观地反映周期信号中各频率分量的分布情形，可将其各频率分量的振幅和相位随频率变化的关系用图形表示出来，这就是信号的“频谱图”。频谱图包括幅度谱和相位谱。

幅度谱：以频率为横坐标，以各谐波的幅度或复指数的幅度为纵坐标画出的线图，也称为振幅频谱。

相位谱：以频率为横坐标，以各谐波相位为纵坐标画出的线图，也称为相位频谱。

频谱：由于幅度谱和相位谱的横坐标都是频率，常把幅度谱和相位谱统称为频谱。由于在通常情况只关心振幅随频率的变化关系，习惯上常把幅度谱简称为频谱。

单边谱：根据傅立叶级数的三角函数形式而作的频谱，其频率 $n\omega_1$ 只取正数，因此，频谱只分布在正半轴，把这样的频谱称为单边谱。例如某一矩形波的傅立叶级数展开为

$$f(t)=\frac{4}{\pi}\left[\cos(\omega_1-\frac{\pi}{2})+\frac{1}{3}\cos(3\omega_1-\frac{\pi}{2})+\frac{1}{5}\cos(5\omega_1-\frac{\pi}{2})+\cdots\right]$$

由此可以画出其单边谱，如图 1-14 所示。

双边谱：通常，在信号分析中，为了方便运算，通常采用傅立叶级数展开的复指数形式作频谱图，由于 $n\omega_1$ 存在正、负频率，即频谱图在频率的正、负半轴同时存在，故称为双边谱。例如，一个周期性的矩形脉冲信号如图 1-15(a)所示，它的脉冲宽度为 T，高度为 A，周期为 T，基波角频率为 $\omega_1=2\pi/T$，通过傅立叶级数的复指数展开形式为

$$f(t)=\sum_{n=-\infty}^{\infty}F_n e^{jn\omega_1 t}$$

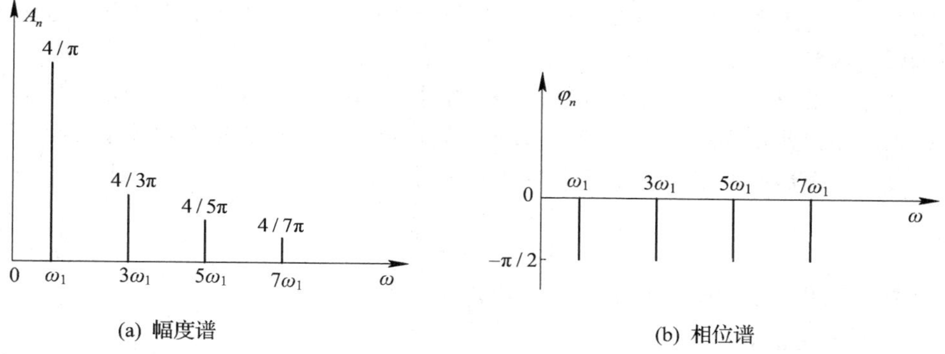

(a) 幅度谱　　(b) 相位谱

图 1-14　矩形波的单边谱

式中，

$$F_n=\frac{1}{T}\int_{-T/2}^{T/2}f(t)\mathrm{e}^{-\mathrm{j}n\omega_1 t}\mathrm{d}t=\frac{1}{T}\int_{-T/2}^{T/2}A\mathrm{e}^{-\mathrm{j}n\omega_1 t}\mathrm{d}t$$

$$=\frac{A\tau}{T}\cdot Sa\left(\frac{n\omega_1\tau}{2}\right)$$

由此可以画出双边谱，如图 1-15(b)所示。

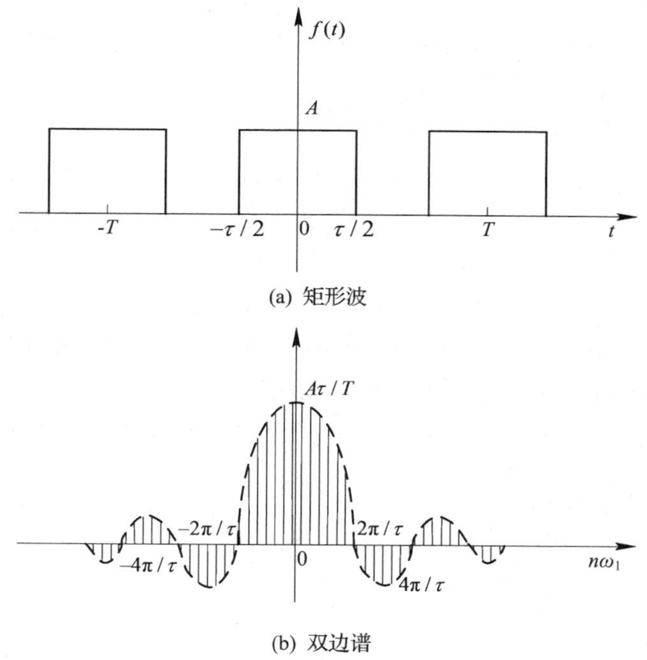

(a) 矩形波

(b) 双边谱

图 1-15　矩形波的波形及双边谱

频谱图中每根垂直线称为谱线，其所在位置 $n\omega_1$ 即为该次谐波的频率，每根谱线的高度即为该次谐波的振幅或相位。从以上频谱可以得到周期信号的频谱具有以下特性：

离散性：频谱图由频率离散的谱线组成，即频率 $n\omega_1$ 只能取基频 ω_1 的整数倍，这样的频谱称为不连续频谱或离散谱。

谐波性：每根谱线代表一个谐波分量。

收敛性：频谱中各谱线的高度，一般而言随谐波次数的增加而逐渐减小。当谐波次数无限增加时，其振幅趋于无穷小。

从周期矩形脉冲的频谱可以看出，其信号能量主要集中在主瓣($\omega=2\pi/\tau$ 或 $f=1/\tau$)以内，在允许的误差范围以内，$\omega=0\sim 2\pi/\tau$(或 $f=2\sim 1/\tau$)的频率范围基本上可以代表原信号，则称为矩形脉冲信号的频带宽度或称信号带宽，用符号 B 表示，即

$$B_\omega=\frac{2\pi}{\tau}\quad 或\quad B_f=\frac{1}{\tau}$$

不难看出，矩形脉冲的信号带宽与其脉宽成反比。

2. 非周期信号的频谱

非周期信号可以看做是周期信号周期 $T\to\infty$时的一个特例。由周期信号的频谱可知，当周期信号的周期 T 趋于无限大时，其相邻谱线间隔 $\omega_1=2\pi/T$ 趋于无穷小，从而谱线密集变为连续谱。因此，傅立叶级数分解中各频率(谱线)分量 F_n 趋于无穷小。故无法从信号的振幅谱来分析信号在频率上的分布情况。

对于频谱密度函数 $F(\mathrm{j}\omega)$，设

$$F(\mathrm{j}\omega)=\lim_{T\to\infty}F_nT=\lim_{T\to\infty}\frac{F_n}{f}$$

这里，相当于单位频率占有的复振幅，具有密度的意义，所以常把 $F(\mathrm{j}\omega)$称为频谱密度函数，简称频谱函数。$F(\mathrm{j}\omega)$为连续谱。

将傅立叶级数代入上式，可以证明有

$$F(\mathrm{j}\omega)=\int_{-\infty}^{\infty}f(t)\mathrm{e}^{-\mathrm{j}\omega t}\,\mathrm{d}t \tag{1-17}$$

和反变换

$$f(t)=\frac{1}{2\pi}\int_{-\infty}^{\infty}F(\mathrm{j}\omega)\mathrm{e}^{\mathrm{j}\omega t}\,\mathrm{d}w \tag{1-18}$$

式(1-17)和(1-18)称为傅立叶正变换和傅立叶反变换。它们一起描述了信号的频域和时域的对应关系。通过傅立叶变换，得到的频谱密度函数 $F(\mathrm{j}\omega)$。同样可以分析信号在频率上的分布情况，如同通过质量密度可以了解一个物体的质量的分布情况一样。傅立叶变换需要的条件是信号 $f(t)$绝对可积，即：

$$\int_{-\infty}^{\infty}|f(t)|\,\mathrm{d}t<\infty \tag{1-19}$$

但这仅是充分条件，不是必要条件。

3. 常用非周期信号的频谱

1) 矩形脉冲 $Ag_\tau(t)$的频谱

高度为 A，宽度为 τ 的单个矩形脉冲，如图 1-16(a)所示。

由傅立叶变换可得 $Ag_\tau(t)$的频谱函数为

$$\begin{aligned}F(\mathrm{j}\omega)&=\int_{-\infty}^{\infty}Ag_\tau(t)\mathrm{e}^{-\mathrm{j}\omega t}\,\mathrm{d}t=\int_{-\tau/2}^{\tau/2}A\mathrm{e}^{-\mathrm{j}\omega t}\,\mathrm{d}t\\&=A\tau\cdot Sa\left(\frac{\omega\tau}{2}\right)\end{aligned} \tag{1-20}$$

图 1-16(b)所示为矩形脉冲的频谱图。由图可见，非周期信号的频谱是连续谱。

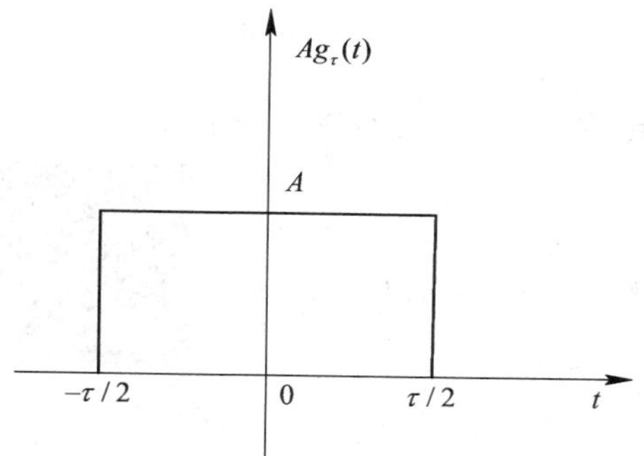

(a) 单个矩形脉冲

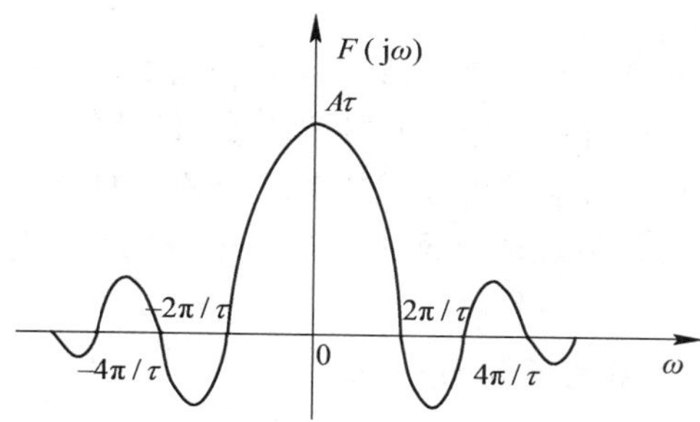

(b) 单个矩形脉冲频谱

图 1－16　非周期矩形脉冲的频谱

2）冲激信号 $\delta(t)$ 的频谱

$$F(\mathrm{j}\omega)=\int_{-\infty}^{\infty}\delta(t)\mathrm{e}^{-\mathrm{j}\omega t}\,\mathrm{d}t=1 \tag{1-21}$$

由图 1－17 可见，冲激信号的频谱是均匀谱，即冲激信号是均匀分布在所有的频率点上。

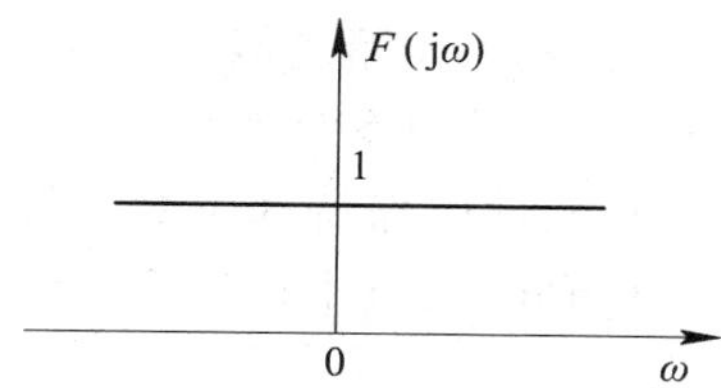

图 1－17　冲激信号的频谱

3）抽样函数 $Sa(t)$ 的频谱

抽样函数

抽样函数是通信中的一个常用信号，其波形如图 1－18 所示。由图可以看出，抽样函数不满足傅立叶变换的绝对可积条件，因此不能用傅立叶变换直接得到该信号的频谱。在信号分析中，根据傅立叶变换的对称性质可以得到抽样函数的频谱为

$$F(\mathrm{j}\omega)=\pi\cdot g_2(\omega) \tag{1-22}$$

证明略，其频谱如图 1－18 所示。

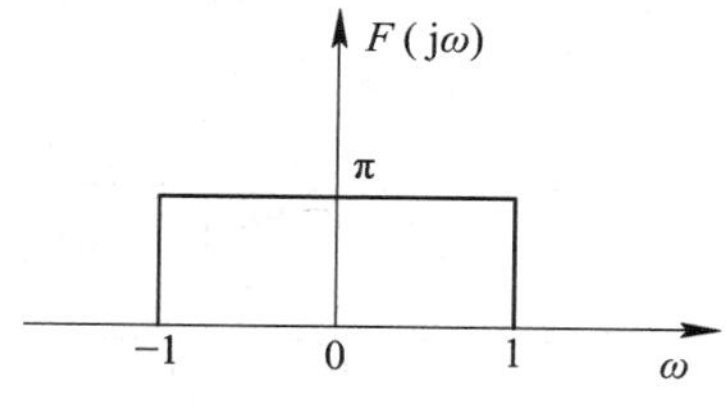

图 1－18　抽样函数的频谱

1.2.3 系统对信号的影响

在通信中，信号通过系统，必然受到一定的影响，主要表现在以下两个方面。

(1) 对信号中不同频率成分幅度的衰减；

(2) 对信号中不同频率成分相位的延时。

对信号这两方面的影响统称为系统的频率特性，用函数 $H(\mathrm{j}\omega)$来表示。

系统对信号的影响

1. 系统函数 $H(\mathrm{j}\omega)$

$$H(\mathrm{j}\omega)=\frac{Y(\mathrm{j}\omega)}{F(\mathrm{j}\omega)}$$

式中，$Y(\mathrm{j}\omega)$为输出信号的频谱函数；$F(\mathrm{j}\omega)$为输入信号的频谱函数。

系统函数 $H(\mathrm{j}\omega)$也称为频响函数，就是系统的频率响应特性，描述了系统对输入信号的不同频率分量的响应状况。即有

$$Y(\mathrm{j}\omega)=F(\mathrm{j}\omega)\cdot H(\mathrm{j}\omega) \tag{1-23}$$

2. 理想滤波器

理想滤波器

系统对于信号的作用是多种多样的，有放大、滤波、延时等。其中，滤波是某些系统要考虑的一个重要问题。若系统能让某些频率的信号通过，而使其他频率的信号受到抑制，这样的系统就称为滤波器。若系统函数$H(\mathrm{j}\omega)$的幅度$|H(\mathrm{j}\omega)|$在某一频带内保持为常数而在该频带外为零，相位$\varphi(\omega)$始终为过原点的一条直线(这里不再讨论相位的变化)，则这样的系统就称为理想滤波器。

常见的滤波器有低通、带通、高通、带阻滤波器。图 1-19 分别表示了各种理想滤波器的频率特性。

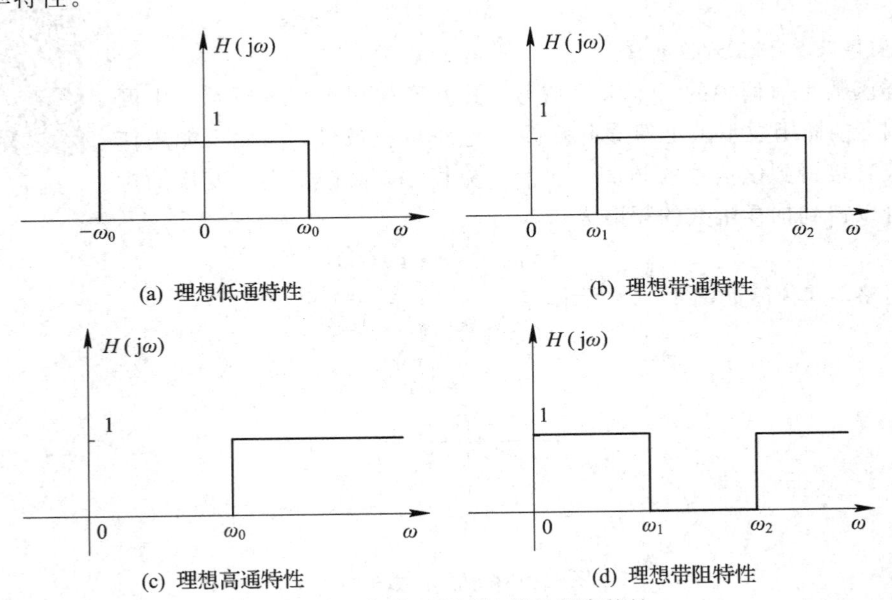

图 1-19 各种理想滤波器的频率特性

下面通过研究信号通过理想低通滤波器的情况来了解信号是如何通过线性系统的。设输入信号为冲激信号 $\delta(t)$，则输入信号的频谱为 $F(\mathrm{j}\omega)=1$。由系统的频域分析得

$$Y(\mathrm{j}\omega)=F(\mathrm{j}\omega)\cdot H(\mathrm{j}\omega)=H(\mathrm{j}\omega)=g_{2\omega_0}(\omega)$$

注意，这里没有讨论相位的变化。

由信号的频谱可知，辛格信号的频谱即为矩形谱，并由傅立叶反变换可得

$$y(t)=\frac{1}{2\pi}\int_{-\infty}^{\infty}Y(\mathrm{j}\omega)\mathrm{e}^{\mathrm{j}\omega t}\mathrm{d}\omega=\frac{1}{2\pi}\int_{-\omega_0}^{\omega_0}\mathrm{e}^{\mathrm{j}\omega t}\mathrm{d}\omega=\frac{\omega_0}{\pi}Sa(\omega_0 t)$$

即冲激信号经过理想低通滤波器后的输出信号为辛格信号。

1.3　通信的概念

1.3.1　通信的定义

通信随着人类诞生就出现，在人类的社会生活和各种社会生产中都离不开通信。古代的人们通过驿站、飞鸽传书、烽火报警、击鼓等方式进行信息传递。如今，随着科学技术水平的飞速发展，相继出现了无线电、固定电话、手机、互联网、可视电话等各种通信方式来传递信息。

通信的定义

“通信”是在相距的两点或多点之间进行信息的传递和交换。在自然科学中所涉及的“通信”这一术语是指电通信(光通信也属于此类)。电通信是利用“电”来传递信息的通信方式。通过电通信几乎能使信息在任意的通信距离上实现传递快速、准确、可靠和安全。

1.3.2　通信的分类

1. 按通信的业务分类

根据通信的业务的不同可分为：语音通信和非语音通信两大类。电话业务在电信领域一直占有主导地位。非语音业务包括电报通信、数据通信、图像通信等，比如短信、数据库检索、电子邮件、传真存储转发、可视图文及电视会议等。

2. 按传输媒质分类

按消息由一地向另一地传递时传输媒质的不同，通信可分为有线通信和无线通信。

有线通信是指传输媒质为架空明线、电缆、光缆、波导等的通信，其特点是媒质看得见，摸得着。有线通信可进一步再分类，如明线通信、电缆通信、光缆通信等。

无线通信是指传输消息的媒质看不见、摸不着的(如电磁波)的一种通信形式。无线通信常见的形式有微波通信、短波通信、移动通信、卫星通信、散射通信和激光通信等，其形式较多。

常用传输媒质见表 1－2。

3. 按信道中所传信号的特征分类

按照信道中传输的是模拟信号还是数字信号，可以相应地把通信系统分为模拟通信系

统与数字通信系统。

4. 按工作频段分类

按通信设备的工作频率不同，通信系统可分为长波通信、中波通信、短波通信、微波通信等。通信频段见表 1-2。

通信中工作频率和工作波长可互换，公式为

$$\lambda=\frac{c}{f} \tag{1-24}$$

式中：λ 为波长；f 为信号频率；c 为光速，$c=3\times10^8\,\text{m/s}$。

5. 按调制方式分类

根据是否采用调制，通信系统分为基带传输和频带(调制)传输。

复用方式分类

6. 按复用方式分类

在同一信道上传递多路信号时采用复用技术。常用的复用方式有时分复用(TDM)、频分复用(FDM)、码分复用(CDM)、空分复用(SDM)等。

表 1-2 通信频段与常用传输媒质

频段名称	频率范围/Hz	波长范围	波段名称	传输媒介	用途
甚低频(VLF)	3～30k	10^4～10^8 m	甚长波	有线线对 长波无线电	音频、电话、数据终端、长距离导航、时标
低频(LF)	30～300k	10^3～10^4 m	长波		导航、信标、电力线通信
中频(MF)	300k～3M	10^2～10^3 m	中波	同轴电缆 中波无线电	调幅光波、移动陆地通信、业余无线电
高频(HF)	3～30M	10～10^2 m	短波	同轴电缆 短波无线电	移动无线电话、短波广播、定点军用通信、业余无线电
甚高频(VHF)	30～300M	1～10m	超短波	同轴电缆 米波无线电	电视、调频广播、空中管制、车辆通信、导航
特高频(UHF)	300M～3G	10～100cm	微波	波导 分米波无线电	电视、空间遥测、雷达导航、点对点通信、移动通信、专用短程通信、微波中继、蓝牙技术
超高频(SHF)	3～30G	1～10cm		波导 厘米波无线电	雷达导航、微波接力、卫星和微波通信、专用短程通信
极高频(EHF)	30～300G	1～10mm		波导 毫米波无线电	雷达、微波中继、射电天文学
紫外线、可见光、红外线	10^7～10^8G	3×10^{-5}～3×10^{-4} cm	光波	光纤、激光空间传播	光通信

1.3.3 通信方式

通信方式指通信双方或各方之间的工作形式和信号传输方式。根据考虑角度不同，通信方式有多种分类方法。

通信方式

1. 按通信终端的数量分类

按通信终端的数量分类可分为点到点传输、点到多点传输和多点到多点传输。如图1－20所示。

(1) 点到点传输指两个终端之间的传输，如图 1－20(a)所示，如遥控玩具、航模等。

(2) 点到多点传输指一个终端与多个终端之间的传输方式，如图 1－20(b)所示。如广播电台与收音机、电视台与电视机的通信等。

(3) 多点到多点传输指多个终端与多个终端之间的传输，如图 1－20(c)所示。如视频会议等。

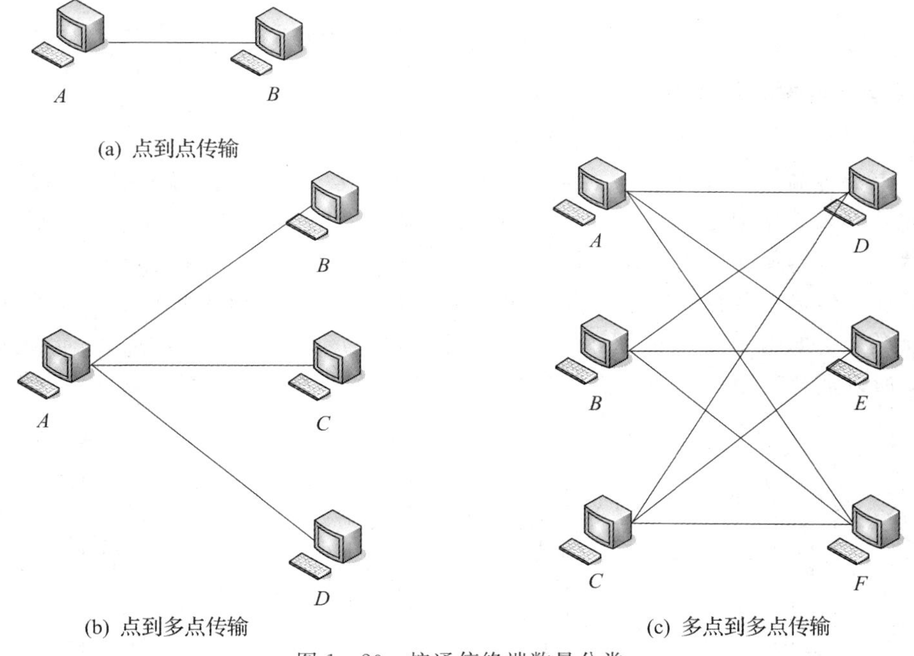

(a) 点到点传输

(b) 点到多点传输

(c) 多点到多点传输

图 1－20　按通信终端数量分类

2. 按信号传送的方向与时间关系分类

按信号传送的方向与时间关系可分为单工传输、半双工传输和全双工传输。

(1) 单工传输。单工传输指信息只能一个方向传递的工作方式，如图 1－21(a)所示。如广播、遥控、遥测、计算机到显示器、键盘到计算机等。

(2) 半双工传输。半双工传输指通信双方都能收发信息，但不能同时进行收发的工作方式，如图 1－21(b)所示。如对讲机、收发报机、检索、询问等。

(3) 全双工传输。全双工传输指通信双方能同时进行收发信息的通信方式，如图 1－21(c)所示。如电话等。

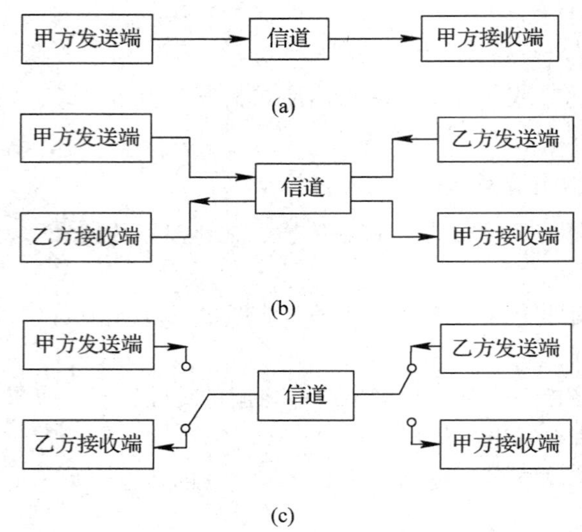

图 1-21　单工、半双工和全双工传输示意图

3. 按信号传输顺序分类

按信号传输顺序分类可分为串行传输和并行传输。

(1) 串行传输。串行传输指数字信号码元序列排成一行，按时间顺序一个接一个的在一条信道内传输，如图 1-22(a)所示。串行传输简单、易实现、成本低且在远距离传输中比较可靠，缺点传输速度慢，需同步信号。比如公用电话系统采用串行传输。

(2) 并行传输。并行传输指数字信号码元以组成码元组的形式在两条或两条以上的并行信道上传输，如图 1-22(b)所示。并行传输传输速度快、信号处理简单，但设备复杂、成本高，所以适合近距离高速传输，比如计算机与打印机之间的数据传输。

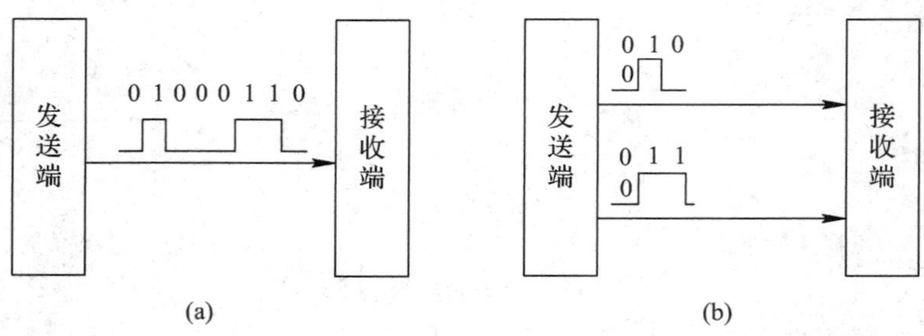

图 1-22　串行传输和并行传输示意图

4. 按同步方式的不同分类

在串行传输中按同步方式的不同，又分为同步传输和异步传输。

(1) 同步传输是指收发双方采用统一的时钟节拍来完成数据的传送。

(2) 异步传输是指收发两端各自有相互独立的码元定时时钟，数据率是双方约定的，接收端利用数据本身来进行同步的传输方式。

1.4　通信系统

1.4.1　通信系统模型

通信的目的是将信息从一地传递到另外一地，因此，将用于完成通信这一过程的全部设备和传输介质称为通信系统。

实现通信的方法很多，具体的通信系统种类也比较多，虽然不同的通信系统有不同的用途和具体的电路结构，但都有相同的基本结构。

通信系统一般模型如图 1－23 所示，由信源、发送设备、信道和噪声、接收设备、信宿五大部分组成。

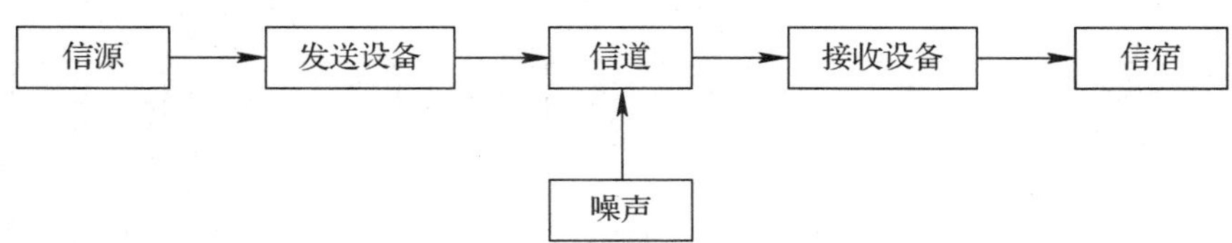

图 1－23　通信系统的一般模型

通信系统一般模型

数字通信技术(一)

数字通信技术(二)

1. 信源

信源的作用是产生(形成)消息，并完成非电信号转换为电信号。信源可能是人也可能是机器，信源输出的是待传输的信号，它可以是模拟信号也可以是数字信号。例如电话的送话器产生的语音信号、电视摄像机的图像信号、各种传感器的检测信号等输出的是模拟信号。计算机数据输出的信号为数字信号。

2. 发送设备

发送设备的作用是使传输的信号与信道相匹配，因此它将基带信号转换为适合信道传输的电信号或光信号，如编码器、调制器、复用器等。

3. 信道和噪声

信道是信号传递所通过的通道即传输媒质，有无线信道和有线信道。不同的信道其传输特性不同。

噪声是信号在传输过程中不可避免混入的各种干扰信号，它散布在整个通信系统各点，为分析方便折合到信道并集中表示，如热噪声、脉冲干扰等。

4. 接收设备

接收设备的作用将接收到的带有干扰的信号进行处理以恢复出基带信号，如译码器、解调器等。

5. 信宿

信宿是接收信号的人或机器，它的作用是将基带信号恢复为原始信号，如听筒、屏幕等。

1.4.2 模拟通信系统

模拟通信系统是利用模拟信号传递信息的通信系统，图 1－24 为模拟通信系统的模型。在模拟通信系统中信号传递时，噪声是叠加在信号上的，并随传输距离的增加而增加，接收端很难将噪声从信号中分离。因此，模拟通信系统抗干扰能力较差而且不适合长距离传输，不易保密，也不便于与计算机连接。

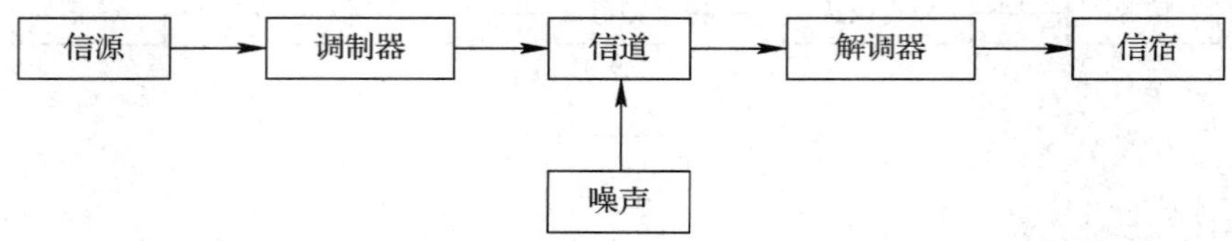

图 1－24 模拟通信系统的模型

1.4.3 数字通信系统

信道中传输数字信号的通信系统称为数字通信系统，如图 1－25 为频带传输的数字通信系统模型。在数字通信系统中信源发出和信宿接收的是模拟信号，而信道传输的是数字信号，因此，可以说数字通信系统是以数字信号的形式传输模拟信号的通信系统。

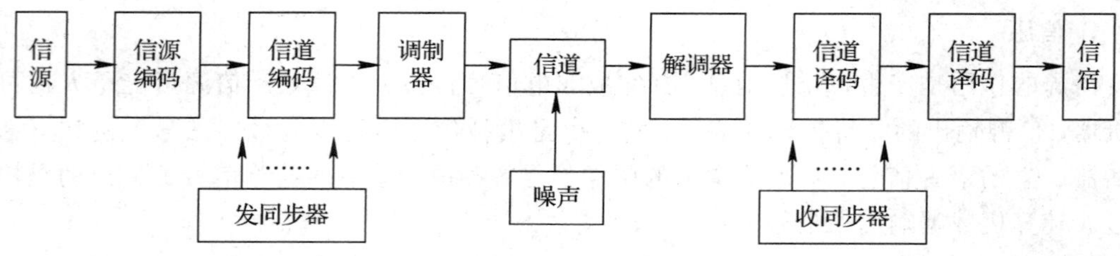

图 1－25 频带传输的数字通信系统模型

数字通信与模拟通信比较具有以下优点：

(1) 抗干扰能力强，无噪声积累。

在模拟通信中，中继器将有干扰信号放大后送往下一级，下一级接着放大再往下送，这样一级一级下去，噪声被不断地放大，形成噪声积累直到通信终端，如图 1－26(a)所示。

而在数字通信中，数字信号的取值为个数有限的离散值(大多数情况只有 0 和 1 两个值)，在传输过程中噪声的干扰也是叠加在传输信号上，数字信号与信号的绝对值关系不大，只要注意相对值即可。所以通过取样判决、再生，只要再生后产生的码元组合不变，就可恢复原来的数字信号，如图 1-26(b)所示。噪声就被中继器“隔离”，从而消除了噪声积累，因此，在传输中即使传输距离再长，仍能具有良好的通信质量，从而实现远距离的高质量通信。

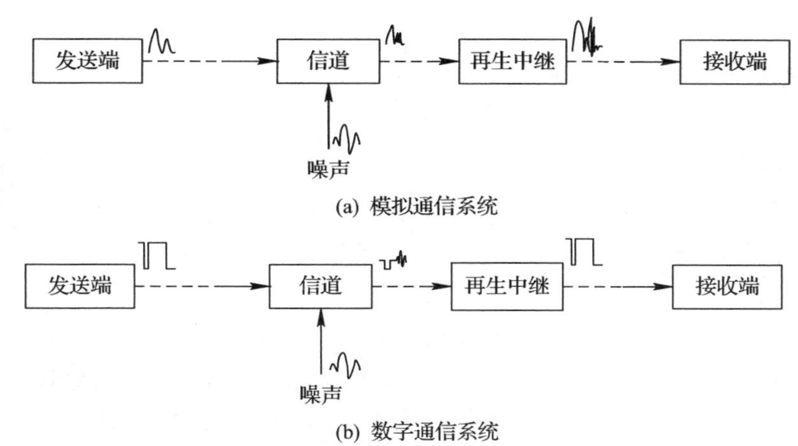

图 1-26　两种通信系统噪声影响示意图

(2) 差错可控。

在数字通信系统中，采用检纠错技术对传输中出现的差错(误码)可以设法控制，提高了传输质量。

(3) 数字信息易于加密且保密性强。

通过各种复杂的加密算法对数字信号加密，而只需简单的逻辑电路能实现加密和解密，从而极大的提高通信系统保密性。

(4) 能够适应各种通信业务。

随着计算机技术、交换技术、数字处理技术的发展，许多设备和终端接口都能适用于数字信号传输，如电报、话音、图像、数据等多种信息能够传输。在技术允许的范围内还可以对数字信号进行加工、处理、储存，增加了通信系统的灵活性和通用性。

此外，数字通信系统还有智能化、设备易于集成化、微型化等。

总之，数字通信的优点很多，但事物总是一分为二的。数字通信也有其缺点：

(1) 占用频带宽。

一路模拟电话信号的带宽为 4 kHz，而一路数字电话信号(PCM 终端机)要占 64 kHz 的带宽。也就是一路 PCM 信号占用了几个模拟电话信号，如果系统传输带宽一定，模拟电话的频带利用率要高出数字电话 5～15 倍。在系统频带紧张的场合，数字信号占用较宽的带宽的缺点十分突出，数字通信的许多长处是以增加信号带宽为代价的。

(2) 需要严格的同步系统。

数字通信中，要准确地恢复信号，正确把每一个码元区分，必须要求收端和发端保持严格同步。

虽然数字通信系统有缺点，但随着频带压缩技术和集成技术的迅速发展，其缺点已经不太重要了。

数字通信的优点

1.5 数字通信系统的性能指标

1.5.1 信息及其度量

信息量

1. 消息、信息

消息是指物体的客观运动和人们的主观思维，有多种形式进行描述，如符号、文字、语言、音乐、图片等。消息的显著特点是具有不确定性即随机性。

“用来消除不定性的东西”这是信息论的主要奠基人之一香农(C.E.Shannon)给信息下的定义，信息是一个十分抽象的概念，它本身是看不见摸不着的，必须依附于一定的物质形式，如语言、文字、电磁波等。在通信系统中信息是以各种具体的电信号形式表现出来的。

2. 信息量

从统计学概念的角度对信息提出一个量度，把衡量信息大小的物理量称为信息量，用 I 表示。信息量与消息发生的概率紧密联系。对于离散信源单个符号携带的信息量为

$$I=\log_a \frac{1}{P(x)}=-\log_a p(x) \tag{1-25}$$

式中，I 为消息所包含的信息量；$P(x)$为消息发生概率。

从式(1-25)中可知，消息中描述事件发生的可能性越小，信息量越大。反之，消息中描述事件发生的可能性越大，信息量越小。

信息量单位的确定取决于式(1-25)中的对数底 a。$a=2$，则信息量的单位为比特(bit)，在通信系统中广泛应用 $a=\mathrm{e}$，则信息量的单位为奈特(nit)，1 nit≈1.443 bit；$a=10$，则信息量的单位称为十进制单位，或叫哈特莱(hart)。

在通信系统中，当传输两个等概率的消息之一时任意消息所含有的的信息量为 1 比特，因此，在二进制数字数据通信系统中，常把一位二进制数字信号称为 1 比特，而不管 0 和 1 这两个符号出现的概率是否相等。

【例 1-2】 国际莫尔斯码用点和划的序列发送英文字母，划用持续 3 单位的电流脉冲表示，点用持续 1 单位的电流脉冲表示，划出现的概率为 1/4，求点和划的信息量。

解 根据题意，划出现的概率为 1/4，则点出现的概率为 3/4。由式(1-25)得

划的信息量

$$I=-\mathrm{lb}\,\frac{1}{4}=2\ \mathrm{bit}$$

点的信息量

$$I=-\mathrm{lb}\,\frac{3}{4}=0.415\ \mathrm{bit}$$

实际上离散消息源由 n 个符号组成，在非等概率条件下，其信息量应该是每个符号所含信息量的统计平均值，即平均信息量。

设每一个符号 x_i 在消息中是按一定的概率 $P(x_i)$独立出现的，且

$$\sum_{i=1}^{n} P(x_i) = 1$$

则符号的平均信息量为

$$H(x) = -\sum_{i=1}^{n} p(x_i)\ \mathrm{lb}P(x_i) \quad (\mathrm{bit}) \tag{1-26}$$

在信息论中，通常将 $H(x)$称为信息熵，因为它与热力学中的熵的定义类似。

【例 1－3】 已知离散信息源由 A、B、C、D 四种符号组成，它们出现相互独立的概率分别为 1/2,1/4,1/8,1/8，计算该信源的平均信息量。

解 根据式(1－26)得

$$H(x) = -\left[\frac{1}{2}\mathrm{lb}\,\frac{1}{2} + \frac{1}{4}\mathrm{lb}\,\frac{1}{4} + \frac{1}{8}\mathrm{lb}\,\frac{1}{8} + \frac{1}{8}\mathrm{lb}\,\frac{1}{8}\right] = 1.75 \quad \mathrm{bit}$$

1.5.2　通信系统的性能指标

数字与数据通信系统的指标包括信息传输的有效性、可靠性、适应性、经济性、标准性、维护使用方便性等，在多种指标中从信息传输角度讲，设计和评价通信系统的性能的关键是性能指标。数字与数据通信的性能指标是指有效性(速度)和可靠性(准确)两大指标。

通信系统的有效性指要求系统高效率地传输信息，而可靠性要求系统可靠传输信息。有效性和可靠性是两个相互矛盾的指标。提高可靠性即提高传输速度必降低有效性，反之提高有效性即提高准确性将用降低可靠性来换取。

不同的通信系统有不同的具体评价指标，模拟通信系统和数字数据通信系统对有效性和可靠性指标的要求、量度不同。下面主要介绍数字数据通信系统的评价指标。

1. 有效性指标

1) 码元传输速率(R_B)

数字通信系统通常传输的是以 0、1 表示的脉冲序列。每一个表示 0 或 1 的脉冲称为一个码元。

码元传输速率 R_B 简称传码率，是指系统在单位时间内传输的码元数目，单位为波特(Baud)，常用符号“Bd”表示。R_B 又称码元速率、符号传输速率、调制速率等。

$$R_B = \frac{1}{T_b} \quad (\mathrm{Bd}) \tag{1-27}$$

式中，T_b 为信号码元持续时间(时间长度、码元周期)单位为秒(s)。

数字信号虽有二进制和多进制，但码元传输速率 R_B 与码元的进制是无关的，只与码元的持续时间有关。从图 1－27 可知传输二进制码元与传输四进制码元的 T_b 相同，则码元传输速率相同。

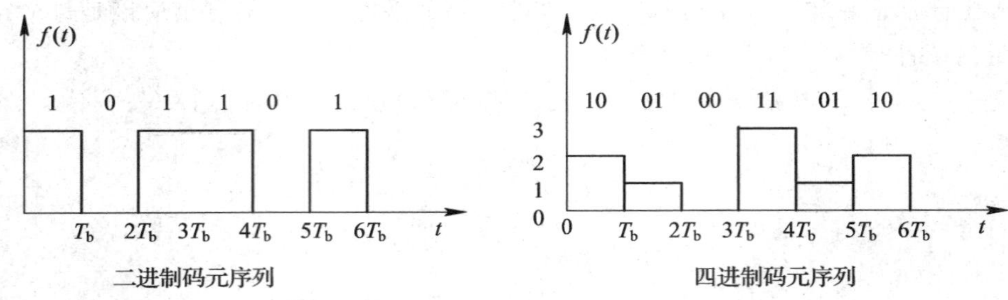

图 1-27　二进制与四进制码元示意图

2）信息传输速率 R_b

信息传输速率 R_b 简称传信率，又称比特率，是系统在单位时间内传输的平均信息量或比特数，单位为比特/秒或 bit/s（b/s）、kbit/s(kb/s)、Mbit/s(Mb/s)。

对于数字数据信号为 M 电平，即码元为 M 进制时，传信率 R_b 与码元传输速率 R_B 关系为

$$R_b = R_B \text{lb} M \quad (\text{bit/s})$$

传码率传信率转换

【例 1-4】　一个数字通信系统在串行传输中，数字信号码元时间长度为 0.5×10^{-3} 秒，若采用 2 电平传输时，其传码率、传信率各为多少？若改为用 8 电平传输时，其传码率、传信率又各为多少？

解　由传码率定义可知，传码率

$$R_B = \frac{1}{T_b} = \frac{1}{0.5\times10^{-3}} = 2000 \text{ Bd}$$

根据传信率的定义，当采用 2 电平传输时

$$R_{b2} = R_B \text{lb} M = 2000 \text{ lb} 2 = 2000 \text{ bit/s}$$

当采用 8 电平传输时

$$R_{b8} = R_B \text{lb} M = 2000 \text{ lb} 8 = 2000\times3 = 6000 \text{ bit/s}$$

传码率和传信率均称为传输速率，但两者概念是不同的，在使用时注意不能混淆。

3）频带利用率 η

在比较不同的通信系统传输效率时，仅看传输速率太片面了，还应看在这样的传输速率下所占的频带宽度。通信系统占用相同的频带，传输速率越大，传输信息的量越大，频带利用率越高，则效率越高。频带利用率指单位频带内的传输速率，即

$$\eta = \frac{\text{传码率}(R_B)}{\text{频带带宽(B)}} \quad (\text{Bd/Hz}) \tag{1-28}$$

或

$$\eta = \frac{\text{传信率}(R_b)}{\text{频带带宽(B)}} \quad (\text{bit/s} \cdot \text{Hz}) \tag{1-29}$$

【例 1-5】　有一数字通信系统的频带宽度为 4000 Hz，若采用二进制数字信号传输，传信率为 2000 bit/s，计算频带利用率。如码元宽度不改变情况下，改为八进制传输，问频带利用率是多少？

解　根据频带利用率公式，二进制传输时，得

$$\eta=\frac{2000}{4000}=0.5\ \text{bit/s}\cdot\text{Hz}$$

若改为八进制传输时，得

$$\eta=\frac{2000\text{lb}8}{4000}=\frac{6000}{4000}=1.5\ \text{bit/s}\cdot\text{Hz}$$

在同一信道传输的码元速率相等时，采用多进制比二进制传递的信息速率高，频带利用率高，这就是为什么要采用多进制的原因之一。

2. 可靠性指标

衡量数字通信系统可靠性的指标是差错率(错误率)，是指通信系统的接收端收到的数字数据信号准确程度，常用误码率和误信率表示。

1）误码率 P_e

误码率 P_e 又称为码元差错率，是指发生差错的码元在传输码元总数之中所占的比率，即码元在通信系统中被传错的概率。

$$\text{P}_e=\frac{\text{单位时间内接收的错误码元数}}{\text{单位时间内系统传输的码元总数}}$$

误码率 P_e 是多次统计结果的平均值，所以称为平均误码率。

2）误信率 P_b

误信率 P_b 又称为信息差错率，是指接收的错误信息量与传输信息总量之间的比值。

$$P_b=\frac{\text{单位时间内接收的错误比特数}}{\text{单位时间内系统传输的比特总数}}$$

差错率的大小取决于信道的特性、质量及系统噪声等因素，不同的通信系统对差错率的要求不同。如电话线路系统的平均误码率是 300～2400 bit/s 时 $10^{-2}\sim10^{-6}$ 之间；4800～9600 bit/s 时 $10^{-2}\sim10^{-4}$ 之间，而计算机数据通信的平均误码率要求低于 10^{-9}。所以，差错率越低，数字通信系统的可靠性就越高，质量越好。

1.5.3　信道

在前面介绍通信系统一般模型时可知道，信道是构成一个完整通信系统的重要组成部分之一。信道是传输信号的通道。信号传输经过的通道有传输媒介和很多的设备，所以将信道分为狭义的信道和广义的信道。

1. 狭义信道

从通信系统的角度上看，狭义信道指连接通信双方收、发信设备并负责信号传输的物质(物理实体)。如各种线缆、光缆、无线电波、光盘、磁盘等。以传输媒介分主要分为有线信道和无线信道。

1）有线信道

为了适应不同通信方式及通信容量，构成有线信道的有架空明线、双绞线、同轴电缆、光缆等，这一类是看得见、摸得着传输媒介。

(1) 架空明线。在20世纪初大量使用的通信介质就是架空明线，即在电线杆上架设的互相平行而绝缘的裸线。其优点是安装简单、建设快、传输损耗比较小。其缺点是受气候环境等影响较大并且对外界噪声干扰比较敏感、保密性差、维护工作量大。由于通信质量差，因此，在发达国家中早已被淘汰，在许多发展中国家中也已基本停止了使用，但目前在我国一些农村和边远地区或受条件限制的地方仍有一些架空明线在工作着。

(2) 双绞线。双绞线又称为双扭线，它是在同一保护套内由若干对且每对有两条相互绝缘的铜导线按一定规则绞合而成的电缆，如图1-28所示。采用绞合结构是为了减少对邻近线对的电磁干扰从而防止串音。双绞线既能传输模拟信号，也可传输数字信号，其电气性能比较稳定，安全保密性好，通信距离一般为几到十几千米。双绞线主要用于市内电话音频电缆以及许多局域网，如ISDN、xDSL、以太网等的连接线。为了进一步提高双绞线的抗电磁干扰能力，还可以在双绞线的外层再加上一个用金属丝编织而成的屏蔽层构成屏蔽双绞线。由于双绞线的性能价格比相对其他传输介质要好，因此目前使用十分广泛。

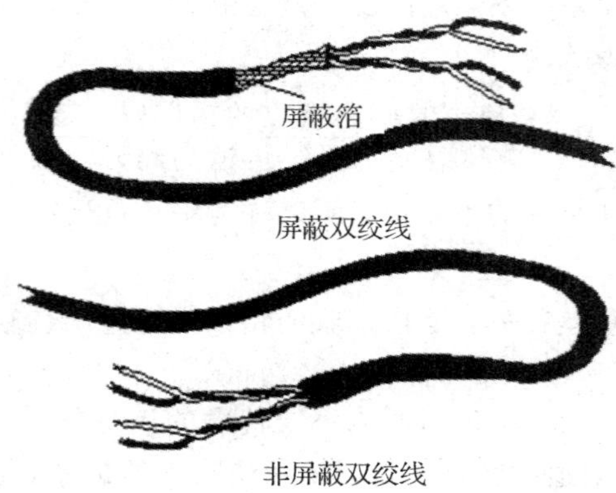

图1-28　双绞线结构示意图

(3) 同轴电缆。同轴电缆由铜质芯线(内导线)，绝缘层、网状编织的外导体屏蔽层以及保护塑料外套所组成，如图1-29所示。按特性阻抗数值的不同，同轴电缆又分为两种，一种是50Ω的基带同轴电缆，另一种是75 Ω的宽带同轴电缆。同轴电缆的结构使其具有高带宽和较好的抗干扰特性，因此，适用于高频段、大容量载波电话通信。我国现行300路、960路、1800路、4380路长途通信干线大部分采用同轴电缆，与用户电视机相连也是同轴电缆。

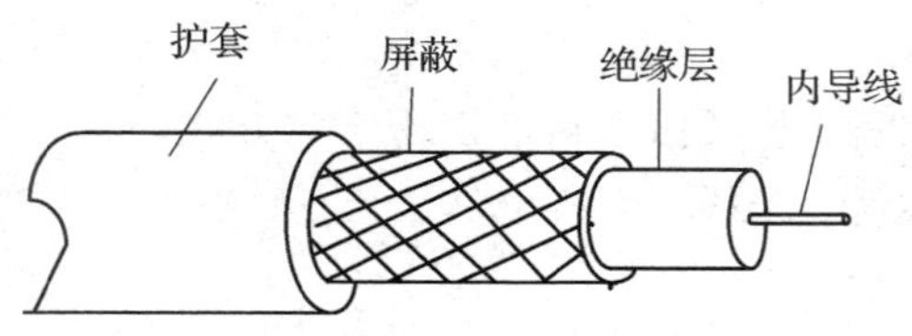

图1-29　同轴电缆结构示意图

(4) 光缆。光纤是光导纤维的简称，制造光纤的主要材料是资源十分丰富的石英。光纤是光纤通信系统的传输介质，将光纤集中在一起构成光缆，如图 1-30 所示。虽然光纤的衔接、分岔比较困难，但其有极宽的通频带，通信容量极大，不易受电磁干扰和噪声影响，传输损耗极小，可进行远距离、高速率的数据传输，而且具有很好的保密性能的优点。

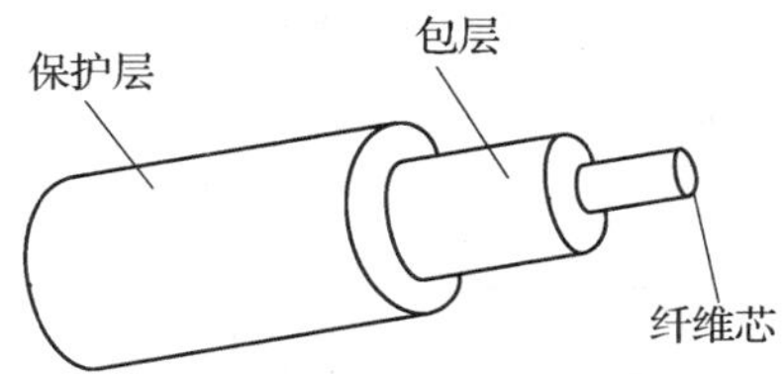

图 1-30　光纤结构示意图

2）无线信道

无线信道是利用无线介质作为传输载体在空间传输信号。无线介质主要是无线电波和光波。

（1）光波。在光波中，红外线、激光是常用的信号载体，红外线广泛用于短距离通信，如电视、录像机、空调器等家用电器使用的遥控装置；而激光因它具有高带宽和定向性好的优势，可用于建筑物之间的局域网连接。

（2）无线电波。无线电波在空间传输信号时，由于受地貌、人工建筑、天气、电磁干扰等影响，使得它的工作质量存在不稳定性。但无线电波传播距离远，能够穿过建筑物，而且既可以全方向传播，也可以定向传播，因此绝大多数无线通信都采用无线电波作为信号传输的载体。如无线广播、各种移动无线通信、无线数据网等。无线电波的传播方式主要有地面波传播、天波传播、空间波传播、微波中继传播、散射传播、卫星传播等几种，如图 1-31 所示。

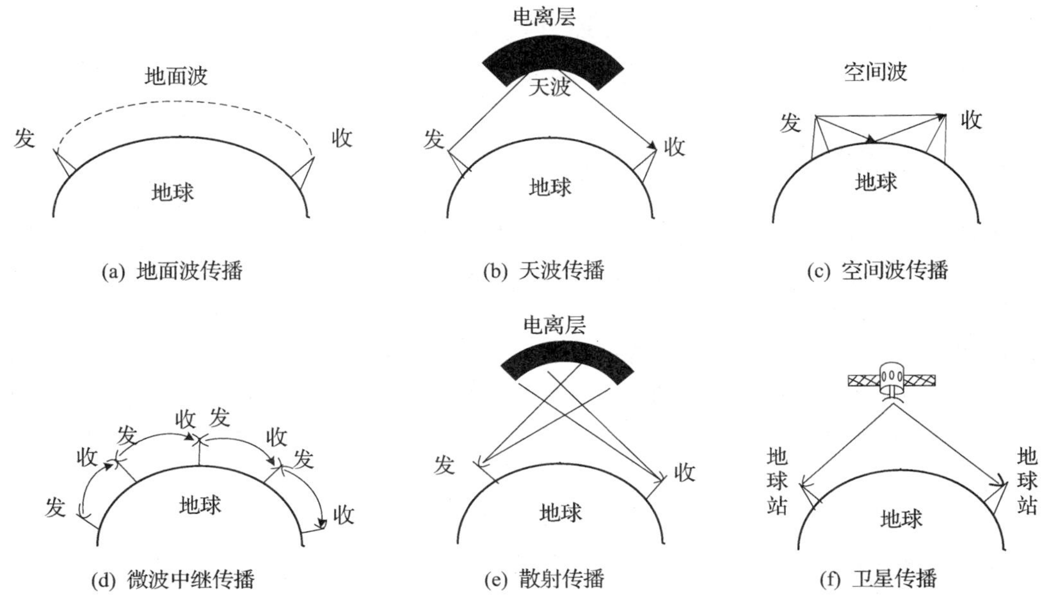

图 1-31　无线电波传播方式示意图

2. 广义信道

在通信系统中传输信号不仅依赖传输媒介还有各种与之相关的设备，如天线与馈线、功率放大器、混频器、滤波器、调制与解调器等。所以，将信号必须经过的传输介质和各种通信设备的路径统称为广义信道。广义信道通常也可分成两种，调制信道和编码信道，如图 1-32 所示。

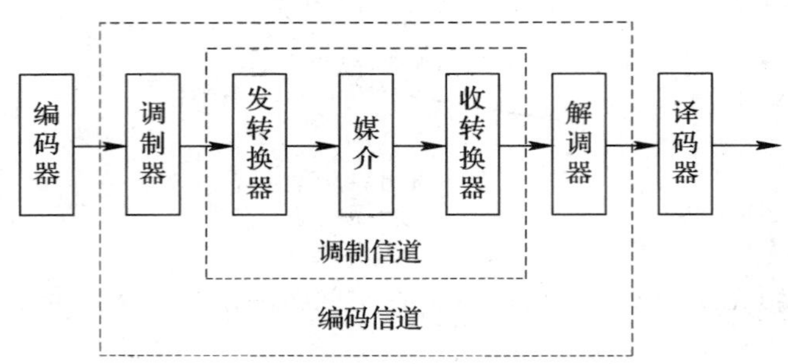

图 1-32　调制信道与编码信道

调制信道是指信号从调制器输出端到解调器输入端的传输途径。信号经过调制信道时关心的是经过信道传输后信号波形和频谱的关系。调制信道常常用在模拟通信中。它对信号的影响是通过乘性干扰及加性干扰使已调制信号发生模拟性的变化。

编码信道是指信号从编码器的输出端到译码器的输入端之间的传输途径。编码信道只是起到传输数字信号的作用。因此，对于数字通信系统仅关心编码和译码。编码信道对信号的影响是一种数字序列的变换，即把一种数字序列变成另一种数字序列(产生误码)。

1.6　通信技术的发展

1.6.1　通信技术的发展史

自从有了人类，人们在各种社会活动中采用各种不同的方法进行互通消息。在 19 世纪以前漫长的历史时期内，人类之间传递信息主要依靠人力、畜力，也曾使用信鸽或借助烽火等方式来实现。这些通信方式效率极低，都受到地理距离及地理障碍的限制。

19 世纪中叶以后，随着电话、电报等的发明以及电磁波的出现，使得人类通信领域产生了根本性的巨大变革，实现了利用金属导线来传递信息，甚至通过电磁波来进行无线通信。从此，人类的信息传递可以脱离常规的视、听觉的方式，用电信号作为新的载体，带来了一系列新技术革新，开始了人类通信新的时代。

通信技术的发展主要经历了三个阶段。

1. 初级通信阶段

1833 年，英国的高斯和韦伯制造出第一个可供实用的电磁指针式电报机。

1837 年，美国人莫尔斯发明有线电报并编制电码——“莫尔斯电码”，有线电报的出现开创了人类信息交流的新纪元。通过不断改进，这套电报系统于 1844 年达到实用阶段，在巴尔的摩和华盛顿之间首次建立了电报联系，大大缩小了通信时空的差距。我国最早使用莫尔斯电码在 1879 年。

1864 年，英国物理学家麦克斯韦建立了一套电磁理论，预言了电磁波的存在，说明了电磁波与光具有相同的性质，两者都是以光速传播的。

1875 年，苏格兰青年亚历山大·贝尔发明了世界上第一台电话机，并于 1876 年申请了发明专利。贝尔 1878 年在相距 300 公里的波士顿和纽约之间进行了首次长途电话实验，并获得了成功，后来其成立了著名的贝尔电话公司。

1879 年，第一个专用人工电话交换系统投入运行。

1880 年，第一个付费电话系统运营。

1888 年，德国青年物理学家海因里斯·赫兹用电波环进行了一系列实验，发现了电磁波的存在，他用实验证明了麦克斯韦的电磁理论。这个实验轰动了整个科学界，成为近代科学技术史上的一个重要里程碑，导致了无线电的诞生和电子技术的发展。

电磁波的发现产生了巨大的影响。此后不到 6 年的时间里，俄国的波波夫、意大利的马可尼分别发明了无线电报，实现了信息的无线电传播，其他的无线电技术也如雨后春笋般涌现出来。

1904 年，英国电气工程师弗莱明发明了二极管。

1906 年，美国物理学家费森登成功地研究出无线电广播。

1907 年，美国物理学家德福斯特发明了真空三极管，美国电气工程师阿姆斯特朗应用电子器件发明了超外差式接收装置。

1920 年，美国无线电专家康拉德在匹兹堡建立了世界上第一家商业无线电广播电台，从此广播事业在世界各地蓬勃发展，收音机成为人们了解时事新闻的方便途径。

1924 年，第一条短波通信线路在瑙恩和布宜诺斯艾利斯之间建立。

1933 年，法国人克拉维尔建立了英法之间第一条商用微波无线电线路，推动了无线电技术的进一步发展。

2. 近代通信阶段

1948 年，香农提出了信息论，建立了通信统计理论。

1950 年，时分多路通信应用于电话系统。

1951 年，直拨长途电话开通。

1956 年，铺设越洋通信电缆。

1957 年，发射第一颗人造地球卫星。

1962 年，发射第一颗同步通信卫星，开通国际卫星电话，脉冲编码调制进入实用阶段。

20 世纪 70 年代商用卫星通信、程控数字交换机、光纤通信投入使用。

近代通信

3. 现代通信阶段

20 世纪 80 年代开通数字网络的公用业务，个人计算机和计算机局域网出现，网络体系结构国际标准陆续制定。

20 世纪 90 年代蜂窝电话系统开通，各种无线通信技术不断涌现、光纤通信得到迅速普遍的应用、国际互联网得到极大发展。

1997 年 68 个国家签订国际协定，互相开发电信市场。

移动通信、光纤通信、卫星通信是当今现代通信的三大支柱。

1）移动通信

移动通信经历近了一百年的发展历程，最近的十几年发展速度非常迅猛。移动通信利用了无线通信、有线通信和计算机通信的最新技术成果，是技术密集型的移动通信方式。移动通信网络向 IP 化方向发展是未来移动通信发展的大趋势。在此 IP 网络上，承载从实时语音、视频到 Web 浏览、电子商务等多个业务，它将是一个电信级的多业务统一网络，在无线部分使用宽带无线技术。

作为我国通信业百年史上第一个拥有自主知识产权的 3G 国际标准的 TD－SCDMA，是我国自主创新的重要里程碑。2009 年 1 月 7 日工业和信息化部正式颁发 3G 牌照时，全国仅有 10 个城市建成 TD－SCDMA 试验网，TD－SCDMA 基站约为 2 万个。时间仅仅过去一年，TD－SCDMA 网络各项记录全面"刷新"——2009 年 12 月 29 日，中国移动对外宣布，TD－SCDMA 网络三期工程顺利完工，全国 70％以上地市实现 TD－SCDMA 网络覆盖，其中东部省份 100％地市实现覆盖，基站总数超过 10 万个，核心指标接近 2G 水平。2009 年 5 月 17 日，中国移动启动"TD－SCDMA 终端专项激励资金联合研发项目"，以 6 亿元带动手机厂家、芯片厂商共同投入超过 12 亿元，全力推动 TD－SCDMA 终端规模发展及产品质量的提升。在 3G 技术之后人们发明了 LTE(Long Term Evolution，长期演进)通信技术，但 LTE 并不是 4G(第四代移动通信系统)，而是 3G 技术和 4G 技术的过度，可以称它为 3.9G。2012 年 1 月 20 号，国际电信联盟 ITU 通过了 4G(IMT－Advanced)标准，共有 4 种，分别是 LTE，LTE－Advanced，WiMAX 以及 WirelessMAN－Advanced。我国自主研发的 TD－LTE 则是 LTE－Advanced 技术的标准分支之一，在 4G 领域的发展中占有重要席位。截至 2017 年前三季度，我国新增移动通信基站数量 44.7 万个，总数达到 604.1 万个。而 4G 基站的比重也在进一步提升，截至 2017 年三季度，4G 基站占移动电话基站的比重已从 2014 年的 25.0％上升至 74.0％。移动通信 4G 基站数量已超过 320 万，我国 4G 网络的规模全球第一，并且 4G 的覆盖广度和深度也在快速扩展。

2013 年初，欧盟在第 7 框架计划启动了面向 5G 研发的项目，从此 5G 技术开始进入研究阶段。在数字化、全球化趋势越发剧烈的背景下，对移动通信的需求也随之提高，4G 通信需要发展更高的通信速率和可靠的通信能力，5G 时代即将来临，随之而来的便是要对 5G 的实现做出可行的想象和具体的研究。在新的信息时代，5G 通信会具有以下特点：

（1）5G 移动通信技术将拥有更高的用户体验、网络平均吞吐速率和传输时延。

（2）5G 移动通信技术使用更高频段的频谱 3.5G，移动通信的核心技术主要是高密度无线网络(high density wireless network)技术与大规模 MIMO 的无线传输技术等。移动通信应用领域从单纯的人与人之间的信息交互，发展为人与机器、机器与机器之间的信息交互手段。移动通信发展为设备制造商和业务运营商提供更大的市场空间，而且造就一个庞大的业务服务群体并为其提供良好的市场空间。

2）光纤通信

光纤电缆是 20 世纪最重要的发明之一。光纤电缆以玻璃作介质代替铜，使一根头发般细小的光纤，其传输的信息量相等于一条饭桌腿般粗大的铜“线”。它彻底改变了人类通信的模式，为目前的信息高速公路奠定了基础，使“用一条电话线传送一部电影”的幻想成为现实。自 1977 年世界上第一个光纤通信系统在芝加哥投入运行以来，光纤通信发展极为迅速，由于因特网、IP 数据业务和各种新兴业务的推动，全球通信容量正在发生爆炸性的增长，并促使光纤技术达到更大的容量、更高的可靠性和更经济的解决目标。新器件、新工艺、新技术不断涌现，使其性能日臻完善。对需要迅速传输大量数据的应用来说，光纤通信系统是理想的选择，如跨越 SAN 的远程复制、内存数据库、视频流点播、医学成像、数据挖掘、数据仓库以及支持实时交易处理的大型数据库（OLTP）等。近几年来我国光纤通信已得到了快速发展，已不再敷设同轴电缆，新的工程将全部采用光纤通信新技术。

3）卫星通信

卫星通信是一种利用人造地球卫星作为中继站来转发无线电波而进行的两个或多个地球站之间的通信。自从 1957 年 10 月 4 日前苏联成功发射了第一颗人造地球卫星以来，世界许多国家相继发射了各种用途的卫星。这些卫星广泛应用于科学研究、宇宙观测、气象观测、国际通信等许多领域。与其他通信手段相比，卫星通信具有许多优点：一是电波覆盖面积大，通信距离远，可实现多址通信；二是传输频带宽，通信容量大；三是通信稳定性好、质量高。卫星通信是军事通信的重要组成部分。目前，一些发达国家和军事集团利用卫星通信系统完成的信息传递，约占其军事通信总量的 80%。

卫星通信的主要发展趋势是：充分利用卫星轨道和频率资源，开辟新的工作频段，各种数字业务综合传输，发展移动卫星通信系统。卫星星体向多功能、大容量发展，卫星通信地球站日益小型化，卫星通信系统的保密性能和抗毁能力进一步提高。

我国的卫星通信干线主要用于中央、各大区局、省局、开放城市和边远城市之间的通信，它是国家通信骨干网的重要补充和备份。为保证地面网过负荷时以及非常时期（如地面发生自然灾害时）国家通信网的畅通，有着十分重要的作用。中国从 1985 年租用国际通信卫星组织的印度洋上空卫星的半球波束转发器，进行卫星电视传送和对边远地区的电报电话通信。1986 年 7 月 8 日，我国国内卫星通信网建成，从 1988 年开始使用自己制造和发射的卫星。至 20 世纪 90 年代，我国除租用国际卫星转发器外，还租用“亚洲 1 号”卫星转发器，与中国的卫星一起组成国内卫星通信网。中国将逐步过渡到以国产卫星为主，租用国际卫星和区域卫星转发器为辅的格局来组织国内卫星通信网。

中国国内卫星通信网主要承担中央电视节目、教育电视节目和部分省、自治区的地方电视节目的传送；广播节目的卫星传送；组织干线卫星通信电路和部分省内卫星通信电路；组织公用和专用甚小天线地球站（VSAT）网，包括以数据为主和以电话为主的 VSAT 网；专用单位的卫星通信网。

目前，我国正在发展自主可控的卫星移动通信系统，卫星移动通信终端采购需求必将直接带动我国国产卫星移动通信芯片、模块、终端厂商的发展，并推动我国卫星通信全产业链的振兴。

1.6.2 通信技术的发展趋势

发展趋势

通信技术在20世纪得到飞速发展，21世纪的通信技术将向宽带化、智能化、个人化的综合业务数字网技术的方向发展。

1. 全程数字化

全程数字化是指在通信网中任何部分(即交换、传输、终端)所有信号都是数字信号。所有信息，不论是声音、文字还是图像都全部变成数字化信息以后再入网通信，网络中不再存在模拟信号。全程数字化是实现综合业务数字网的基础。

以现在的电话通信网为例，它不是全程数字化的，用户线路上传输的是模拟信号。若要实现全程数字化，就要将模拟数字转换器从交换机一侧搬到电话机中，这是在经济上和技术上都有待解决的问题。

2. 宽带化

信息的单位是比特(bit)，在数字化信息中，1bit就代表1个“0”或1个“1”。通信速率单位为b/s(bit/s)，表示每秒钟所传输的信息数。

不同的通信业务需要不同的通信速率。例如，数字式电话的通信速率为64 kb/s；可视电话终端的通信速率至少要128 kb/s才能产生连续的活动图像；高清晰度电视的通信速率达135 Mb/s。

在电话网的交换机实行数字化之后，对每个用户来说，最高的通信速率为64 kb/s。在电话网之后陆续建立起来的数字通信网，经过一系列的技术改造之后，单一用户的最高通信速率可达2 Mb/s，即每秒钟可传输200万个“0”或“1”，相当于1秒钟之内可以传送近100万个汉字。可是，如此高的传输速率并不能满足传输活动图像(如录像、电影、电子游戏等)的需求，它们的传输速率至少达到10 Mb/s才行。这个要求现有通信网是达不到的。要达到这个目的，就必须对现有的通信网进行彻底的改造，重建一个高速的通信网。为了区分现在的通信网与高速通信网，我们称通信速率小于或等于64 kb/s(或2 Mb/s)的通信网为“窄带通信网”，而把那些不仅能传输低速的窄带信息，而且还能传输高速信息(如电影等)的通信网称之为“宽带通信网”。

随着我国FTTH的建设，“宽带中国”战略的进一步部署以及国内4G建网的热潮，我国光纤光缆行业快速发展，同时也大力加强光缆建设，光缆线路长度屡创新高。2016年，全国新建光缆线路554万公里，光缆线路总长度3041万公里，同比增长22.3%，整体保持较快增长态势。截至2017年第二季度，光缆线路总长度达3606万公里，其中新建光缆线路564万公里，光缆建设保持较快增长态势。

3. 智能化

通信网智能化，亦称其智能网。它不仅能传送和交换信息，还能存储、处理和灵活控制信息。智能网能在各种条件下以最优化的方式处理和传递信息，如同一位精明能干的秘书，会根据不同的情况，处理不同的文件。在智能网中，如果需要增加新业务，可不用改造交换机，只要在大型数据库中增加一个或几个模块即可，并且不会对正在运营的业务产生任何影响。

智能网中的新业务很多，例如，800号业务就是智能网中的一个新业务，它是一种被叫付费业务。一些大型公司或企业、商业单位，为了便于推销产品，方便向顾客宣传等目的，愿为顾客承担电话费用。当顾客呼叫时，在付费单位公布的电话号码前加拨 800，则智能网即自动将话费记在被叫用户的账单上。又如，个人呼叫号码业务，某些人员工作或停留地点流动性大，没有固定电话号码可用。为解决此类困难，在智能网中可为其分配一个“个人代码”。该人每到一处，将其所处位置的电话号码通知智能网。这样，所有对其“个人代码”的呼叫，都将接到他所处地的电话上。这样，无论此人在何处，只要他向智能网进行了登记，拨打他的“个人号码” 就能找到他。

4. 个人化

通信个人化，就是指通信要真正实现到个人。它的目标被人们简称为 5W，即个人通信的基本概念是无论任何人（Whoever），在任何时候 （Whenever）和任何地方（Wherever），都能自由地与世界上其他任何人（Whomever）进行任何形式（Whatever）的通信。能提供这种通信服务的通信网，称“个人通信网”（Personal Communication Network，PCN）。

个人通信需要全球性的大规模的网络容量和灵活的智能化的网络功能。人们普遍认为，数字蜂窝移动通信技术、数字无绳通信系统和低轨道卫星技术的综合，将可能成为全球个人通信网络的基石。

5. 综合化

通信网的综合化有两个涵义：一是技术的综合，即全程数字化，实现网络技术一体化；二是业务的综合，即把各项通信业务（如电话、传真、电子信箱、会议电视等）综合在同一通信网中传送、交换和处理。

综合业务数字网（Integrated Services Digital Network，ISDN）就是技术和业务的综合网。它是以电话综合数字网（Integrated Digital Network，IDN）为基础发展而成的通信网，在各用户终端之间实现以 64 kb/s 速率为基础的数字传输。它可承载包括话音和非话音在内的各种电信业务，客户能够通过有限的一组标准多用途用户/网络接口接入这个网络。此网是窄带 ISDN（N－ISDN）。

在一些通信发达的国家（如美国、日本、法国、德国、加拿大等）研究试验窄带 ISDN 的同时，为了满足日益增长的高速数据传输、高速文件传输、可视电话、会议电视、高清晰度电视以及多媒体、多功能终端等新的宽带业务的要求，正在大力发展宽带综合业务数字网（B－ISDN）。

信号是信息传输的载体，信号的数学描述称为函数。常见的信号分类有连续信号和离散信号、模拟信号和数字信号。经过线性系统，信号可发生反转、时延和尺度变换。常见的典型信号有矩形脉冲信号 $g_\tau(t)$、冲激信号 $\delta(t)$、抽样函数 $Sa(t)$。

信号可以从不同的角度进行描述，应该熟悉的是信号随时间变换的函数，即时域描述。在通信中，通常要关心信号的频率成分，即信号的频域描述，也就是频谱。周期信号通过傅立叶级数的展开形式可以得到其频谱，其三角形式展开或指数形式展开结果都可以表示成离散频谱。非周期信号则利用傅立叶变换得到频谱，其为连续谱。

信号通过线性系统将发生什么样的变化，主要看系统的频率特性 $H(\mathrm{j}\omega)$，它表示了系统对输入信号的不同频率分量的响应状况 $Y(\mathrm{j}\omega)=F(\mathrm{j}\omega)\cdot \mathrm{H}(\mathrm{j}\omega)$。

本章介绍了通信的定义、通信的分类和通信的工作方式，讨论了通信系统的组成模型及各部分作用，详细介绍传码率和传信率之间的关系、频带利用率计算、误码率和误信率计算，概述了通信的发展史及发展趋势。

练习题

一、填空题

1. $\int_{-\infty}^{\infty} t\delta(t-2)\mathrm{d}t=$________

2. $\mathrm{e}^{2t}\delta(t-1)=$________

3. $\int_{2}^{5}\cos(2t)\delta(t+2)\mathrm{d}t=$________

4. $\int_{0-}^{0+}\mathrm{e}^{t}\delta(t)\mathrm{d}t=$________

5. ________是信息传输的载体，是反映信息的物理量。

6. 按时间函数自变量的连续性和离散性，信号分为________和________。

7. 通信的任务是信息的________或________。

8. 按传输信号是否调制，通信分为________和________两种。

9. 通信系统的组成包括________、________、________、________和________五部分。

10. 按信号的传输方向和时间分类，通信方式有________、________和________。

11. 从信息传输角度来看，数字通信系统的主要质量指标是________和________。

12. 信息出现的概率越小，则包含的信息就越________。某消息的概率为1/64，其信息为________bit。

13. 按传输媒介来分，通信系统可分为________和________两大类。

14. 某一数字信号的符号速率1200波特，若采用四进制传输，则信息速率 R_b 为________，若采用二进制传输，则 R_b 为________。

15. 八进制数字信号信息传输速率为600b/s，其码元速率为________，若传送1小时后，接收到10个错误码元，其误码率为________。

16. 设信道的带宽 $B=1024$ Hz，可传输2048 kb/s的比特率，其传输效率 $\eta=$________。

17. 常用的复用方式有________、________、________、空分复用(SDM)等。

二、问答题

1. 画出数字通信基带传输系统的组成框图，并说明各部分的作用。

2. 简述数字通信的优缺点。

三、解答题

1. 已知信号 $f(t)$，如图 1-33 所示，试画出 $f(-2t+3)$的波形。

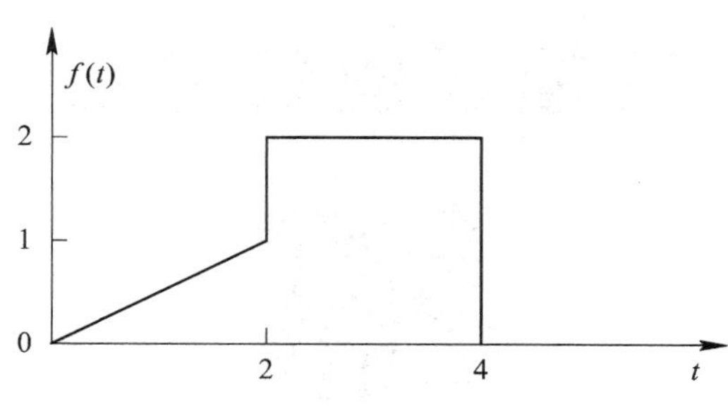

图 1-33

2. 某二进制等概率数字信号在系统中 1 min 内传输 3 360 000 个码元，试求该系统码元速率。如果改为十六进制数字信号，同样在系统中 1 min 内传输 3 360 000 个码元，试求该系统信息速率。

3. 某二进制信号在信道带宽为 4 kHz 的信道内以 2400 b/s 速率传输，求其传码率和频带利用率。若在传码率不变情况下改为八进制，问传信率为多少？频带利用率是多少？

4. 二进制数字信号在某数字通信系统中 125 μs 内传输 256 个码元，试计算传码率和传信率。接收端在 2 s 内接收到 3 个错误的码元，计算误码率。

5. 某信息源由符号 A、B、C、D 组成，各符号独立出现且出现的概率分别为 0.4、0.3、0.2、0.1，求信息源符号出现的平均信息量。

第 2 章

模拟信号数字化

学习目标

1. 掌握模拟信号数字化的取样、量化、编码和译码的方法；
2. 掌握增量调制和其改进型；
3. 了解几种常见的压缩编码方法。

学习重点

1. 取样、量化、编码和译码；
2. 压缩编码。

学习难点

1. 编码和译码；
2. 压缩编码。

课前预习相关内容

信号的频谱。

随着微电子技术和计算机技术的发展，数字传输优越性日益明显，优点是抗干扰能力强、失真小、传输特性稳定、远距离中继噪声不积累，提高通信系统的有效性、可靠性和保密性。

用数字通信系统来传输消息信号虽然具有很多优点，但实际通信中的电话、图像业务，其信源是在时间上和幅度上均为连续取值的模拟信号，要想实现数字化传输和交换，首先就要将模拟信号经过编码变成数字信号。语音信号的编码称为语音编码，图像信号的编码称为图像编码，两者虽然各有特点，但基本原理是一致的。电话业务是最早发展起来的，到目前还依然是通信中的主要业务，所以语音编码占有重要地位。

脉冲编码调制简称 PCM，其系统原理框图如图 2－1 所示。首先，在发送端进行波形编码，有抽样、量化和编码三个基本过程，把模拟信号变换为二进制数码。通过数字通信系统进行传输后，在接收端进行相反的变换，由译码和低通滤波器完成，把数字信号恢复为原来的模拟信号。其中，抽样、量化与编码的组合称为模/数变换（A/D 变换）；再生、译码与低通滤波的组合称为数/模变换（D/A 变换）。

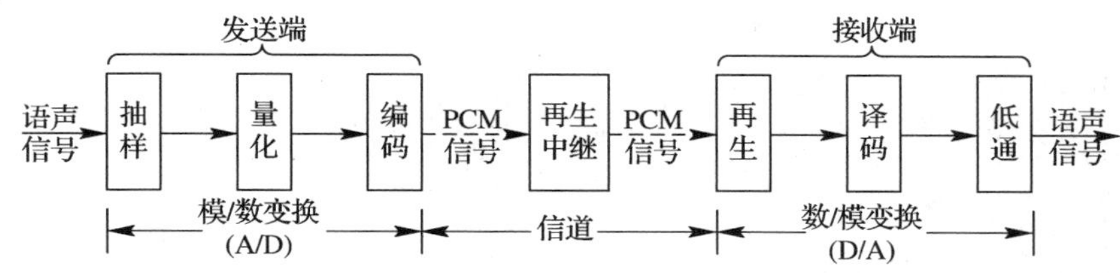

图 2-1　PCM 通信系统

（1）第一部分相当于信源编码部分的模/数变换（A/D），它包括抽样、量化和编码。

抽样是对模拟信号进行周期性的扫描，把时间上连续的信号变成时间上离散的信号。我们要求经过抽样的信号应包含原信号的所有信息，即能无失真地恢复出原模拟信号，抽样速率的下限由抽样定理确定。

量化是把经抽样得到的瞬时值进行幅度离散，即指定 Q 规定的电平，把抽样值用最接近的电平表示。

编码是用二进制码组表示固定电平的量化值。实际上量化是在编码过程中同时完成的。

（2）第二部分相当于信道部分的信道和再生中继器。

（3）第三部分相当于信源解码部分的数/模变换（D/A），它包括再生、译码和低通滤波。

PCM 的概念是 1937 年由法国工程师 Alex Reeves 最早提出来的。1946 年美国 Bell 实验室实现了第一台 PCM 数字电话终端机。

PCM 有如下优点。

（1）PCM 系统的抗干扰性能优于模拟系统。

（2）数字化了的各类模拟信号可与数据信号组合复用成一个公共的高速数字通信系统进行传输。

（3）PCM 系统广泛采用数字器件，从而具有便于集成和小型化等优点。

2.1　抽　　样

将模拟信息源信号转变成数字信号叫做模数转换（A/D 转换），A/D 转换中有三个基本过程：抽样、量化、编码。模拟信号数字化的第一步是在时间上对信号进行离散化处理，即将时间上连续的信号处理成时间上离散的信号，这一过程称之为抽样。抽样是 A/D 转换的第一步。A/D 转换时，抽样间隔越宽，量化越粗，信号数据处理量少，但精度不高，甚至可能失掉信号最重要的特征。

抽样定理

2.1.1 抽样的定义及电路模型

连续信号在时间上离散化的抽样过程如图 2－2 所示。

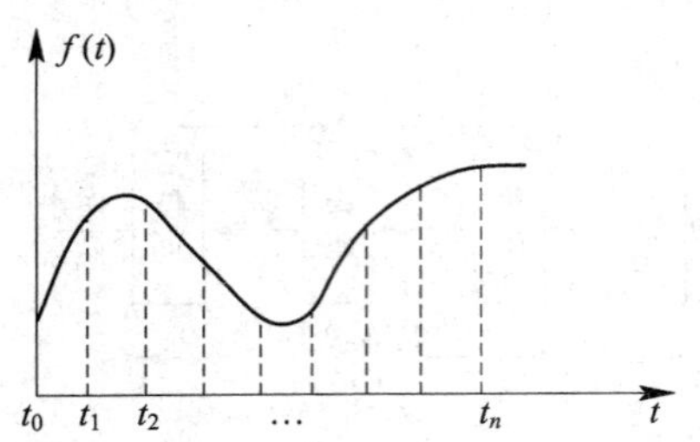

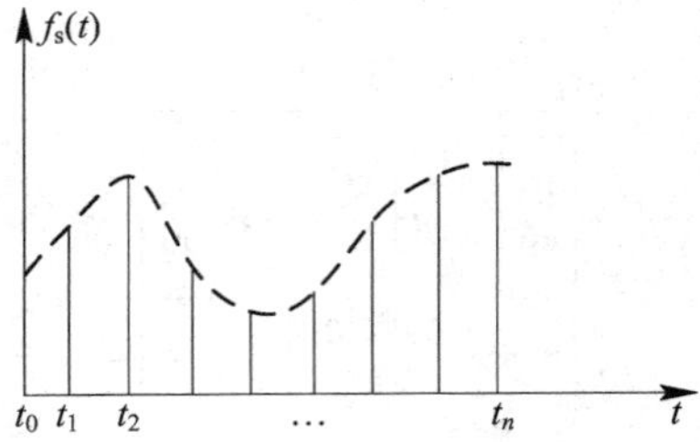

图 2－2　连续信号抽样示意图

具体地说，就是某一时间连续信号 $f(t)$，仅取 $f(t_0)$、$f(t_1)$、$f(t_2)$…等各离散点数值，就变成了时间离散信号，这个取时间连续信号离散点数值的过程就叫做抽样。

抽样也叫取样或采样，是抽取模拟信号在离散时间点上的振幅值，用这些离散时间点上的振幅值，即抽样值序列来代表原始的模拟信号。可以用图 2－3 所示的抽样模型来表示抽样的过程，取样脉冲 $s(t)$到来时，取样开关闭合，输出为该时刻信号的瞬时值；无取样脉冲 $s(t)$时，则取样开关断开，输出为 0。抽样电路的模型可用一个乘法器表示，即

$$m_s(t)=m(t)\times s(t) \tag{2-1}$$

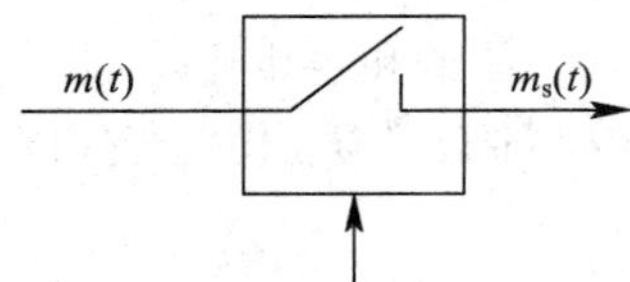

图 2－3　抽样模型

经过抽样，原模拟信号变成了一系列窄脉冲序列，脉冲的幅度就是取样时刻的信号幅值，如图 2－4 所示。

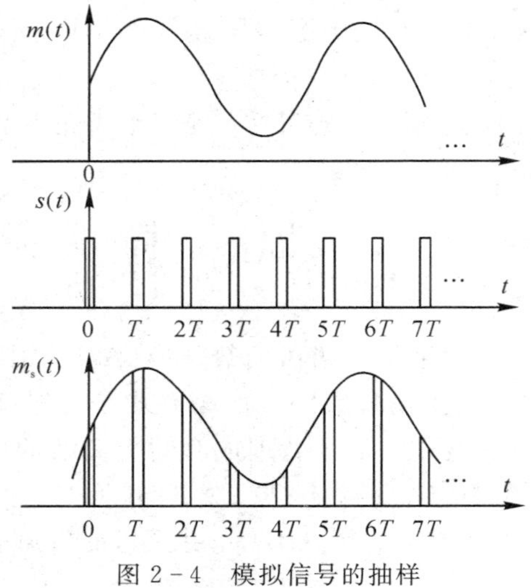

图 2－4　模拟信号的抽样

由图 2－4 可知，离散样值序列 $m_s(t)$的包络线仍与原来的模拟信号 $m(t)$的形状一致，因此，离散样值信号 $m_s(t)$包含有原模拟信号 $m(t)$的信息。取样得到的这些样值信号也称为脉冲幅度调制(PAM)信号，这些样值信号在时间上虽然是离散的，但其幅度值仍然有无限多个可能的取值，所以它仍然是模拟信号。PAM 是脉冲载波的幅度随消息信号 $m(t)$变化的一种调制方式。其实现方法是用宽度有限的窄脉冲序列作为抽样信号对消息信号 $m(t)$进行取样，所得到的幅度随 $m(t)$的变化而变化的脉冲串序列就是 PAM 波。能否由离散样值序列重建原始的模拟信号，是抽样定理要回答的问题。“抽样定理”是数字通信原理中十分重要的定理之一，是模拟信号数字化、时分多路复用及信号分析处理等技术的理论依据之一。

2.1.2　低通信号抽样定理

抽样定理又称取样定理，它关心的是若对某一时间连续的信号进行抽样，抽样速率(频率)取什么样的数值，所取得的抽样值才能准确地还原出原信号。

低通信号的抽样定理：设有一个频带限制在 0～f_H 内的连续模拟信号 $m(t)$，若对它以抽样率为 $f_s \geqslant 2f_H$ 的速率进行抽样，则取得的样值完全包含 $m(t)$的信息。

这是因为抽样后信号的频谱，除了原信号的频谱以外，还要以 $\omega_s = 2\pi f_s$ 为间隔周期性重复原信号的频谱，如图 2－5 所示。只要 $\omega_s \geqslant 2\omega_H$(即 $f_s \geqslant 2f_H$)，周期性重复的频谱之间不会重叠，于是经过截止频率为 f_H 的理想低通滤波器即可无失真地恢复原始信号。在实际通信系统中，考虑到实际滤波器特性的不理想，为避免样值信号的频谱与原信号的频谱发生重叠，通常取抽样频率比 $2f_H$ 大一些。例如语音通信中，语音信号的最高频率限制在 3400 Hz，按照抽样定理，抽样频率应为 6800 Hz，为了留有一定的防卫带，CCITT 规定语音抽样频率为 $f_s = 8$ kHz。但抽样频率不是越高越好，f_s 太高时，将会降低信道的复用效率，浪费频率资源。所以只要能满足 $f_s \geqslant 2f_H$，并有一定带宽的防卫带即可。

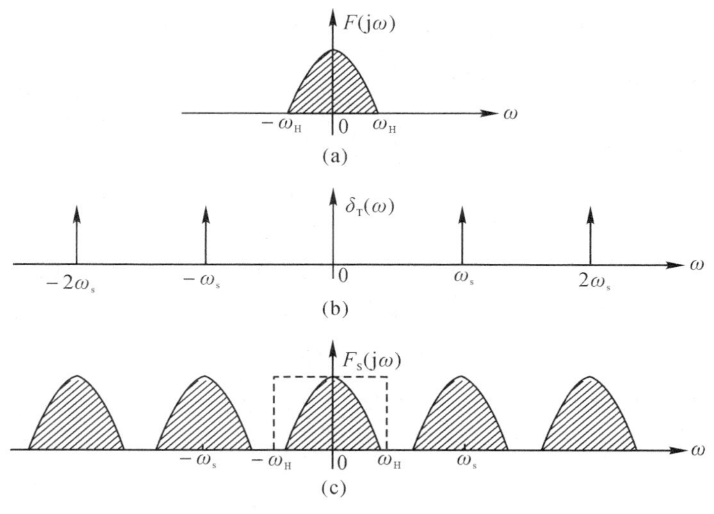

图 2－5　低通抽样频谱

设时间连续信号 $f(t)$，其最高截止频率为 f_H。如果用时间间隔为 $T_s \leqslant 1/2f_H$ 的开关信号对 $f(t)$ 进行抽样，则 $f(t)$ 就可被样值信号唯一地表示。或者说，要从样值序列无失真地恢复原时间连续信号，其抽样频率应选为 $f_s \geqslant 2f_H$。这就是著名的奈奎斯特抽样定理，简称为抽样定理。

抽样定理

2.1.3 带通信号抽样定理

前面讨论了频率限制在 $0 \sim f_H$ 的低通型信号的抽样问题。然而，许多信号往往是带通型的，其信号的频带不是限制在 $0 \sim f_H$ 之间，而是限制在 f_L 与 f_H 之间，其中 f_L 为信号的最低频率，f_H 为信号的最高频率，且带宽 $B = f_H - f_L \leqslant f_L$ 时，则这样的信号称为带通型信号。

对于带通信号，从原理上讲仍可按低通信号的抽样频率 $f_s \geqslant 2f_H$ 来抽样，但这时抽样频率 f_s 将会很高，而且如果采用低通信号的抽样定理对这种信号进行抽样，虽然抽得的样值完全可以表示原信号 $m(t)$，但抽样信号的频谱中会有较多的频谱空隙得不到利用，使信道的利用率不高。为此，在不产生频谱重叠的前提下，尽量降低抽样速率，以减小传输带宽。对于带通信号而言，可以使用比信号中最高频率 2 倍还要低的抽样速率，如图 2-6所示。①②③④分别为原信号的频谱搬移到 f_s、$2f_s$、$3f_s$…为中心的上下两边带位置。

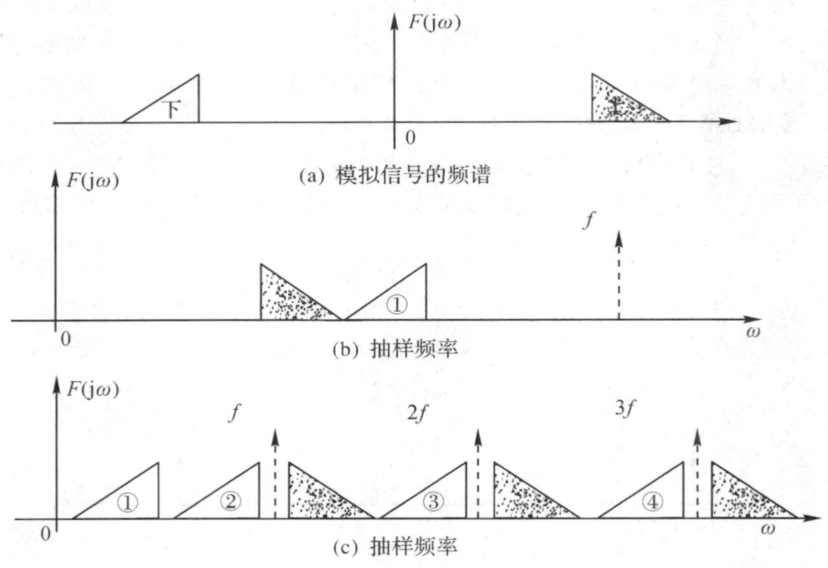

图 2-6 带通信号的频谱

带通信号的抽样定理：如果模拟信号 $m(t)$ 是带通信号，频率限制在 f_L 和 f_H 之间，则最低抽样速率必须满足

$$f_{s\min} = \frac{2f_H}{m+1} \tag{2-2}$$

式(2-2)中，m 取 $\frac{f_L}{B}$ 的整数部分，而在一般情况下，抽样速率应满足如下关系：

$$\frac{2f_{\mathrm{H}}}{m+1} \leqslant f_{\mathrm{s}} \leqslant \frac{2f_{\mathrm{L}}}{m} \tag{2-3}$$

只要满足式(2-3)，抽样信号频谱就不会发生重叠，如果特别要求原始信号频带与其相邻频带之间的频带间隔相等，则可选择如下抽样速率：

$$f_{\mathrm{s}} = \frac{2(f_{\mathrm{L}} + f_{\mathrm{H}})}{2m+1} \tag{2-4}$$

因此，对于一个模拟信号要采用多大的抽样速率对其抽样，首先要判断它是属于低通信号还是带通信号：若 $f_{\mathrm{L}} > B$ 时，它是带通信号，适用带通信号的抽样定理；若 $f_{\mathrm{L}} < B$ 时，它是低通信号，适用低通信号的抽样定理。

前面讨论的抽样定理是基于下面三个前提。对语声信号带宽的限制是充分的；实行抽样的开关函数是单位冲激脉冲序列，即理想抽样；通过理想低通滤波器恢复原语声信号。

带通抽样定理

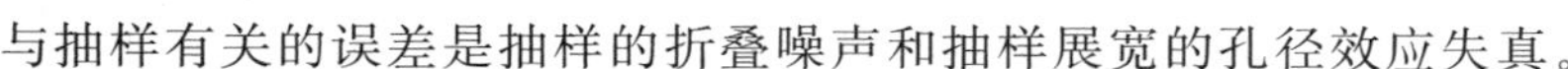

与抽样有关的误差是抽样的折叠噪声和抽样展宽的孔径效应失真。

（1）抽样的折叠噪声。

如果前置低通滤波器性能不良，或抽样频率不能满足 $f_{\mathrm{s}} \geqslant 2f_{\mathrm{H}}$ 的条件，都会产生折叠噪声。

（2）抽样展宽的孔径效应失真。

由于实际中采用抽样展宽，其序列相当于平顶取样，其频谱产生了失真。

2.2　量　　化

模拟信号经抽样后得到的样值序列在时间上是离散的，但在幅度上的取值却还是连续的，即有无限多种取值。若要将这些样值用二进制码来表示，势必要用无穷多位二进制码才能表示一个样值，这实际上是无法实现的，因为有限位数字 n 的编码最多能表示 $N=2^n$ 种电平。这样，就必须对样值进一步处理，使它成为在幅度上是有限种取值的离散样值。对幅度进行离散化处理的过程称为量化。

假设信号幅值的最小值为 $x_{\min}$，最大值为 $x_{\max}$，将区间 $[x_{\min}, x_{\max}]$ 分成 N 个小区间（可以等分，也可以非等分），每个小区间称为量化间隔，又称为量化级或量化阶距，简称量阶。只要信号幅度 x 属于区间 $x_k < x < x_{k+1}$（$k=1, 2, \cdots, N$），那么都“近似”为一个标准值 x_q，这个标准值 x_q 称为量化值或重建值。一般取每一量化间隔的中间值为该区间的量化值。量化值与原抽样信号之间存在误差，这个误差叫做量化误差，相当于在原信号上叠加了一个噪声，因此量化误差也称为量化噪声。在样值信号的量化过程中，视量化间隔的均匀与否可将量化分为均匀量化和非均匀量化。

均匀量化

2.2.1　均匀量化

1. 均匀量化

均匀量化是指量化间隔的大小相等，不随输入信号幅度的大小而变，如图 2-7 所示。

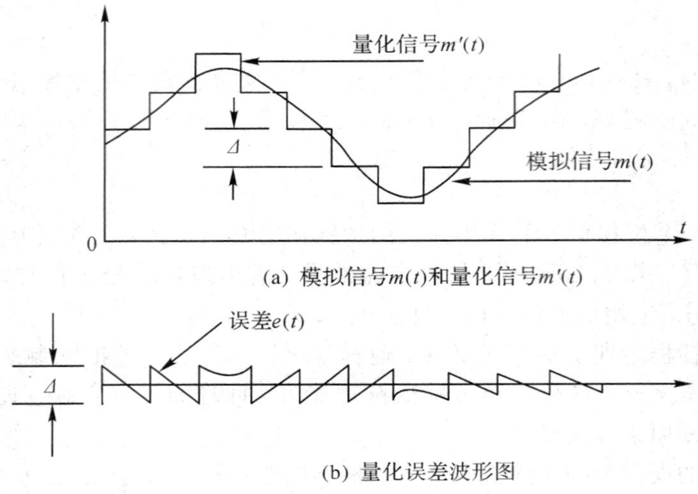

图 2-7　均匀量化和量化误差

图中所有量化间隔都是相同的，即每一量化间隔都是 Δ，我们把这种每一量化级都相等的量化称之为均匀量化，根据这种量化进行的编码称为线性编码。均匀量化的间隔是一个常数，其大小由输入信号的变化范围和量化电平数决定。如输入信号的最大值为 H，最小值为 L，量化电平数为 N，则均匀量化间隔 Δ 的大小为

$$\Delta = \frac{H - L}{N} \tag{2-5}$$

均匀量化的量化特性是一条等阶距的阶梯形曲线，如图 2-8 所示，图中的 x 和 x_q 分别是量化器的输入和输出，折线表示未量化时量化器输入与输出的关系。

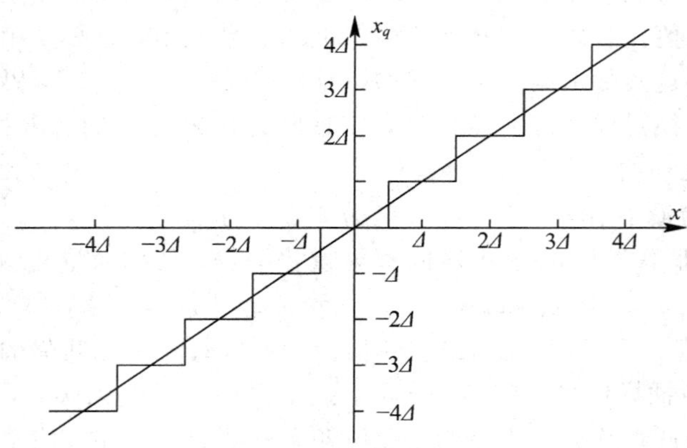

图 2-8　均匀量化的量化特性

2. 量化噪声

从图 2-8 可以看出，由于用量化值取代了准确的抽样值，所以量化过程会在重现信号中引入不可消除的误差，即量化误差或量化噪声。在量化范围内，量化误差的绝对值 $|e(t)| \leqslant 0.5\Delta$。当信号幅度超出量化范围后，量化值 x_q 保持不变，$|e(t)| > 0.5\Delta$，此时称为过载。

量化噪声是模拟信号数字化所必须付出的代价，对话音通信，表现为背景噪声；对图像通信，表现为使连续变化的灰度出现不连续现象。量化噪声对通信的影响程度究竟如何，即抽样、量化后的信号与原信号的近似程度的好坏，通常用信号量化信噪比(SNR)来衡量。量化信噪比即量化器输出端的平均信号功率与量化噪声功率之比 S_q/N_q。对于语声信号，在不考虑输入信号过载时，若对于用 n 位二进制码表示的输出信号，样值被分为 N 个量阶，即 $N=2^n$。此时有如下的量化信噪比表示公式

$$[\text{SNR}]_{\text{dB}}=\frac{S_q}{N_q}\approx 6N+2+20\log\frac{U_m}{U} \qquad (2-6)$$

式中，U_m 为有用信号(即正弦信号)幅度，U 为过载电压。式(2-6)表明，量化信噪比与编码位数 n 以及信号幅度有关。每增加一位编码，量化信噪比大约可以增加 6 dB；信号幅度越大，信噪比也越大，即小信号时瞬时功率小，信号大时瞬时功率大，但均匀量化的量化误差范围 $\pm0.5\Delta$ 不变，量化噪声的平均功率不变。这样均匀量化器的信噪比将随信号强弱而具有大的变动范围。通常，量化器必须满足一定的量化信噪比指标，把满足信噪比要求的输入信号取值范围定义为动态范围。比如话音通信，在指标范围内，会感觉有轻微的“咔、咔”声，甚至没有感觉，并不影响正常通信。当超出该指标范围，话音听起来就会很吃力，甚至无法辨别内容了。显然，均匀量化时的信号动态范围将受到较大的限制。对于弱信号，均匀量化器可能达不到给定量化信噪比的要求，或者靠增加量化电平数来满足要求。例如，话音信号要求在信号动态范围大于 40 dB 的情况下，量化信噪比不能低于 26 dB。可以算出，此时 $n\geqslant11$。也就是说，每个样值至少需要编 11 位二进制码。这一方面使设备的复杂性增加，另一方面又使二进制码的传输速率过高，占用频带过宽。而在大信号时信噪比又显得过分地大，造成不必要的浪费。这就使得我们必须找到一种既能满足量化信噪比及动态范围指标，同时编码的位数要求又比较少的量化系统，这就是非均匀量化系统。

2.2.2　非均匀量化

非均匀量化

1. 非均匀量化

在均匀量化中，由于量化噪声与信号电平大小无关。量化误差的最大值等于量化阶距的一半($\Delta/2$)，所以信号电平越低，信噪比越小。例如，对于话音信号，大声说话对应的电压值比小声的约大10^3倍，而“大声”出现的概率却是很小的，主要是“小声”信号。为了使小幅度信号的信噪比满足要求，应采用非均匀量化。

量化间隔不相等的量化称为非均匀量化，即对大小信号采用不同的量化间隔，在量化时对大信号采用大的量化阶，对小信号采用小的量化阶。这样，大信号时量化误差增大，量化噪声平均功率增大，从而降低了大信号时富裕的信噪比；小信号时量化误差减小，量化噪声平均功率降低，从而增大了小信号时的信噪比。因此，输入信号与量化噪声之比在小信号到大信号的整个范围内基本一致。采用非均匀量化可以改善小信号的信噪比，可以做到在不增加量化级数 N 的条件下，使信号在较宽的动态范围内的信噪比达到指标要求。

2. 非均匀量化实现的方法

实现非均匀量化的方法之一是采用压缩扩张技术，其原理如图 2-9(a)所示。首先对信号进行非线性变换，即对小信号进行放大，大信号进行压缩；然后对变换后的信号进行

均匀量化，这就等效于对输入信号进行了非均匀量化。这一处理过程通常称为压缩量化，它是由压缩器完成的。量化后的信号经过编码后送到线路上，传输到对方。为了恢复原信号，接收端对解码后的信号要进行一次逆变换，即进行扩张处理，扩张特性与压缩特性相反，即要求压缩、扩张的总传输系数为1，如图2-9(b)所示。

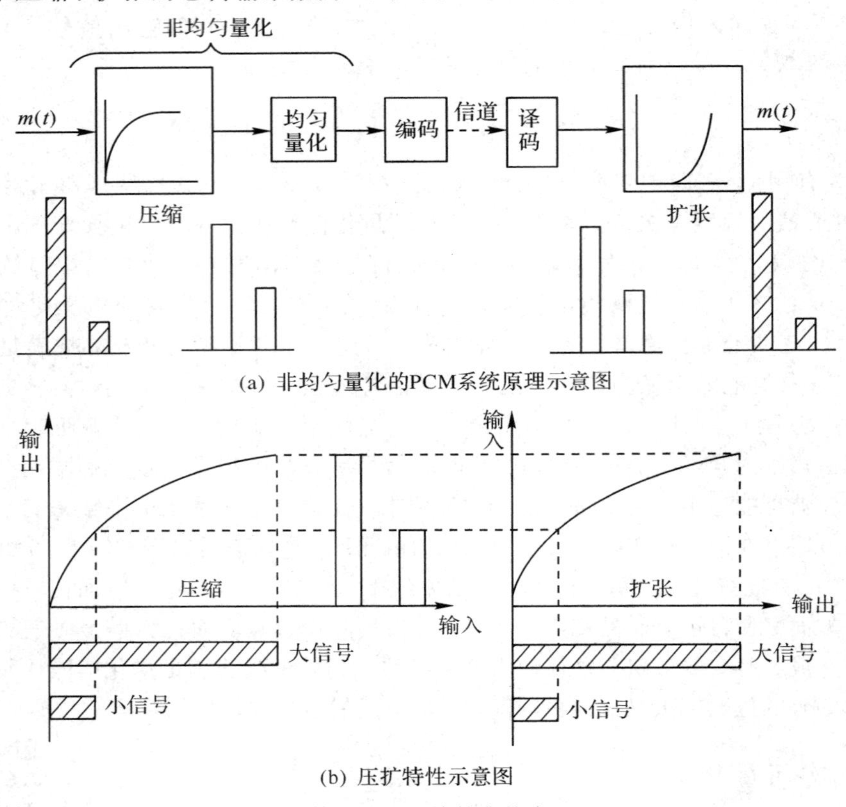

图 2-9　压缩扩张技术

基于对语音信号的大量统计和研究，国际电话电报咨询委员会(CCITT)建议采用两种压缩特性。一种是以 μ 律作为参量的压扩特性，叫做 μ 律特性；另一种是以A律作为参量的压扩特性，叫做A律特性。早期的A律和 μ 律压缩特性是用非线性模拟电路完成的，精度和稳定性都受到限制。后来用折线代替匀滑曲线，可用数字集成电路来实现压扩律，也就是数字压扩技术。采用折线法逼近A律和 μ 律已形成国际标准，μ 律主要用于美国、加拿大和日本等国的PCM 24路基群系统中，A律主要用于我国和英、法、德等欧洲各国的PCM 30/32路基群系统中，且在国际通信中一致采用A律。但不论是A律还是 μ 律，其压缩特性都具有对数特性，是关于原点呈中心对称的曲线。在这里我们只讨论A律特性。

1) A律特性

A律特性的表示式为

$$\left.\begin{aligned} Y &= \frac{AX}{1+\ln A} & 0 \leqslant |X| \leqslant \frac{1}{A} \\ Y &= \frac{1+\ln A|X|}{1+\ln A} & \frac{1}{A} \leqslant |X| \leqslant 1 \end{aligned}\right\} \qquad (2-7)$$

式中，A 为压扩系数，表示压缩的程度。A 的取值不同，压缩特性也不同。当 A 等于 1 时，对应于均匀量化，无压缩。当 A 值越大时，在小信号处斜率越大，对提高小信号的信噪比越有利，如图 2-10 所示。

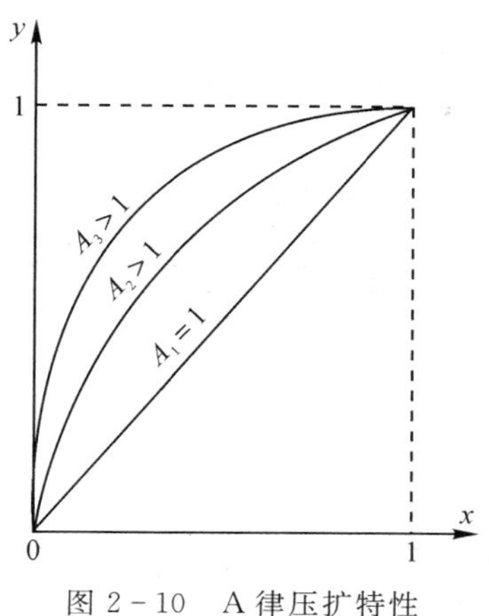

图 2-10　A 律压扩特性

2) A 律 13 折线

图 2-11 为近似 A 律 13 折线压缩曲线，①～⑧为折线的段号。

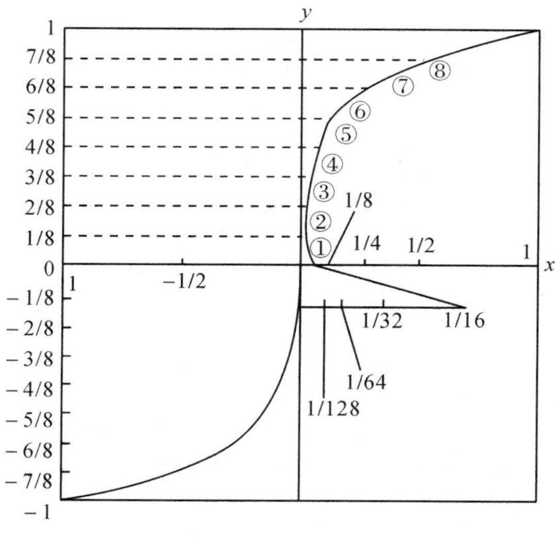

图 2-11　为近似 A 律 13 折线压缩曲线

图 2-11 中 x 和 y 分别表示归一化输入和输出信号的幅度。将 x 轴的区间(0，1)不均匀地分为 8 段，分段的规律是按段距为 1/2 的幂次分段，然后，每段再均匀地分为 16 等分，每一等分作为一个量化层。因此在(0，1)范围共有 8×16=128 个量化层，但各段上的阶距 Δ_i 是不均匀的，把 y 轴在(0，1)区间均匀地分为 8 段，每段再等分为 16 份，因此 y 轴在(0，1)范围被分为 128 个均匀的量化层。将 x 和 y 的分段点连接起来，在正、负方向上分别得到 8 个折线段，正方向的 1、2 段和负方向的 1、2 段斜率相同，因此可连在一起作为一段，于是在正、负两个方向上共形成 13 段折线。这就是非均匀压缩的 A 律 13 折线压缩特性，与 A 值等于 87.6 所得到的压扩曲线接近。

表 2-1 给出了 A 律 13 折线近似的参数。表 2-2 为 A 律 13 折线的斜率和量化间隔。

表 2-2 中，Δ_1 为第一段的量化间隔

$$\Delta_1 = \frac{1}{128 \times 16} = \frac{1}{2048}$$

显然，如果按这时所用的最小量化间隔 Δ_1 对信号进行均匀量化，则所需的量化电平数为

$$N = 16 \times (1 + 1 + 2 + 4 + 8 + 16 + 32 + 64) = 2048 = 2^{11}$$

也就是说，在保持与小信号量化间隔相同的情况下，128 级非均匀量化相当于 2048 级均匀量化。

表 2-1 A 律 13 折线近似的参数表

段号 i	①	②	③	④	⑤	⑥	⑦	⑧
x	$0\sim\frac{1}{128}$	$\frac{1}{128}\sim\frac{1}{64}$	$\frac{1}{64}\sim\frac{1}{32}$	$\frac{1}{32}\sim\frac{1}{16}$	$\frac{1}{16}\sim\frac{1}{8}$	$\frac{1}{8}\sim\frac{1}{4}$	$\frac{1}{4}\sim\frac{1}{2}$	$\frac{1}{2}\sim 1$
y(13 折线)	$0\sim\frac{1}{8}$	$\frac{1}{8}\sim\frac{2}{8}$	$\frac{2}{8}\sim\frac{3}{8}$	$\frac{3}{8}\sim\frac{4}{8}$	$\frac{4}{8}\sim\frac{5}{8}$	$\frac{5}{8}\sim\frac{6}{8}$	$\frac{6}{8}\sim\frac{7}{8}$	$\frac{7}{8}\sim 1$
$Y(A=87.6)$	$0\sim\frac{1}{8}$	$\frac{1}{8}\sim\frac{210}{876}$	$\frac{210}{876}\sim\frac{321}{876}$	$\frac{321}{876}\sim\frac{432}{876}$	$\frac{432}{876}\sim\frac{543}{876}$	$\frac{543}{876}\sim\frac{654}{876}$	$\frac{654}{876}\sim\frac{765}{876}$	$\frac{765}{876}\sim 1$

表 2-2 A 律 13 折线的斜率和量化间隔

段号 i	①	②	③	④	⑤	⑥	⑦	⑧
斜率	16	16	8	4	2	1	$\frac{1}{2}$	$\frac{1}{4}$
量化间隔	Δ_1	Δ_1	$2\Delta_1$	$4\Delta_1$	$8\Delta_1$	$16\Delta_1$	$32\Delta_1$	$64\Delta_1$

2.3 脉冲编码调制

脉冲编码调制

2.3.1 编码方法

编码就是把量化后的信号转换成代码的过程。有多少个量化值就需要有多少个代码组，代码组的选择是任意的，只要满足与样值成一一对应的关系即可，PCM 编码采用的是折叠二进制码。这里讲的编码是对语声信号的信源编码，是将语声信号(模拟信号)变换成数字信号，编码过程是模/数变换，记作 A/D；解码是指数字信号还原成模拟信号，是数/模变换，记作 D/A。

在 A 律 13 折线编码中，正负方向共有 16 个段落，在每一段落内有 16 个均匀分布的量化电平，因此总的量化电平数 $N=16\times16=256=2^8$，编码位数 $n=8$。设$a_1a_2a_3a_4a_5a_6a_7a_8$为 8 位码的 8 个比特，各位码字的意义如下。

1. 极性码 a_1

极性码a_1表示信号样值的正负极性，“1”表示正极性，“0”表示负极性。

2. 段落码$a_2a_3a_4$

段落码$a_2a_3a_4$可表示为 000～111，表示信号绝对值处在哪个段落，3 位码可表示 8 个段落，代表了 8 个段落的起始电平值。

3. 段内码 $a_5a_6a_7a_8$

段内码 $a_5a_6a_7a_8$ 用于表示抽样值在任一段落内所处的位置，4 位码表示为 0000～1111，代表了各段落内的 16 个量化电平值。由于各段落长度不同，每个段落又被均匀分为 16 小段后，每一小段的量化值也不同。第①大段和第②大段长为 1/128，等分 16 个单位后，每一量化单位为 1/128×1/16＝1/2048。若以第 1 段、第 2 段中的每一量化单位 1/2048作为一个最小均匀量化阶距 Δ，则各段的量阶如表 2－3 所示。

表 2－3　各段落长度及段内量阶

折线段落	1	2	3	4	5	6	7	8
段落长度	16Δ	16Δ	32Δ	64Δ	128Δ	256Δ	512Δ	1024Δ
段内量阶	1Δ	1Δ	2Δ	4Δ	8Δ	16Δ	32Δ	64Δ

根据这种码位安排，段落码及段内码所对应的段落及电平值如表 2－4 所示。

表 2－4　段落及电平值表

段落序号	段落码			段落起始电平	段内码对应的电平值				量化间隔
	a_2	a_3	a_4		a_5	a_6	a_7	a_8	
1	0	0	0	0Δ	8Δ	4Δ	2Δ	1Δ	1Δ
2	0	0	1	16Δ	8Δ	4Δ	2Δ	1Δ	1Δ
3	0	1	0	32Δ	16Δ	8Δ	4Δ	2Δ	2Δ
4	0	1	1	64Δ	32Δ	16Δ	8Δ	4Δ	4Δ
5	1	0	0	128Δ	64Δ	32Δ	16Δ	8Δ	8Δ
6	1	0	1	256Δ	128Δ	64Δ	32Δ	16Δ	16Δ
7	1	1	0	512Δ	256Δ	128Δ	64Δ	32Δ	32Δ
8	1	1	1	1024Δ	512Δ	256Δ	128Δ	64Δ	64Δ

根据以上分析，对于某一个样值，可以确定出一个码字的 8 位码，这个过程称为编码。反之，一个码字的 8 位码，也可以对应还原为一个量化值，这个过程称为解码。在编码器的本地译码电路中，采用 7/11 位线性变换，使得量化误差有可能大于本段落量化间隔的一半，为减小误差，在收端要加上半个量化级，所以发端量化后的电平(即重建 PAM)是有区别的。一般称发端量化后的电平为码字电平(也叫编码电平)，称收端解码后的电平为解码电平，其表达式为

$$\text{码字电平}=\text{段落起始电平}+(8a_5+4a_6+2a_7+a_8)\cdot\Delta_i$$

$$\text{解码电平}=\text{码字电平}+\frac{\Delta_i}{2}$$

量化误差＝|解码电平－样值的绝对值|

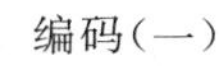

编码(一)

【例 2－1】　求样值为－2017Δ 时所对应的编码码字，并找出码字电平及解码电平，计算量化误差。

解　(1) 因为 PAM＝－2017Δ＜0，所以 $a_1=0$。

因为 1024Δ＜2017Δ＜2048Δ，说明该样值在第 8 大段，所以

$$a_2a_3a_4=111$$

将样值绝对值减去第 8 段起始电平，得 2017Δ－1024Δ＝993Δ，有

$$\frac{993\Delta}{\Delta_8}=\frac{993\Delta}{64\Delta}=15.52$$

说明该样值在第 8 大段的第 16 小段，所以$a_5a_6a_7a_8=1111$，样值－2017Δ 所对应的编码码字为 01111111。

(2)
$$\begin{aligned}\text{码字电平}&=\text{段落起始电平}+(8a_5+4a_6+2a_7+a_8)\cdot\Delta_i\\&=1024\Delta+(8\times1+4\times1+2\times1+1\times1)\times64\Delta\\&=1984\Delta\end{aligned}$$

$$\text{解码电平}=\text{码字电平}+\frac{\Delta_8}{2}=1984\Delta+32\Delta=2016\Delta$$

$$\text{量化误差}=|\text{解码电平}-\text{样值的绝对值}|=|2016\Delta-2017\Delta|=1\Delta$$

2.3.2 基本原理

目前较多采用逐次反馈型编码器来实现非线性编码。逐次反馈型编码原理框图如图 2-12所示，由整流、极性判断、保持、比较、本地译码器等主要几部分组成。样值 PAM 信号分作两路，一路送入极性判断进行判决，编出极性码 a_1。另一路信号经整流电路变成单极性信号；保持电路对样值在编码期间内保持抽样的瞬时幅度不变；本地译码器的作用是将除极性码以外的 $a_2\sim a_8$ 各位码逐位反馈，并生成与之对应的判定门限 U_r；比较器根据整流电路送来的样值幅度与本地译码器输出的判定值进行比较，逐位形成 $a_2\sim a_8$ 各位码。图 2-12 中，U_s 代表信号幅度，U_r 代表本地解码的输出，把 U_r 作为每次比较的起始标准；当 $U_s>U_r$ 时，比较器判断输出“1”；当 $U_s<U_r$ 时，比较器判断输出“0”。

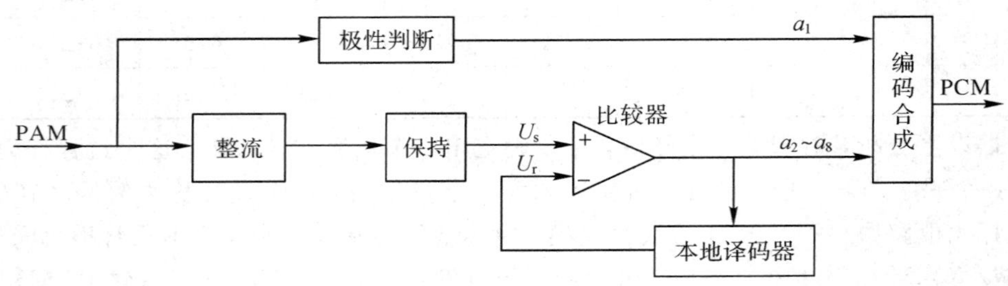

图 2-12　逐次反馈编码原理图

2.3.3 A 律 13 折线编码方法

按 A 律的码位安排，下面简要说明其量化编码方法。

1. 极性码 a_1 的判决

极性码的判定值为零，它根据输入样值信号(以电压表示)的极性来决定，即

PAM≥0 时，a_1＝“1”码

PAM<0 时，a_1＝“0”码

2. 段落码 $a_1 \sim a_4$ 的判决

第一次比较应先决定 U_s 是属于 8 大段落的前 4 段还是后 4 段，此时本地译码器第一次得到的门限值 U_{r1} 应是 8 大段的中间值，即 $U_{r1}=128\Delta$，如表 2-4 所示。

(1) 第一次比较。

确定段落码的第一位码 a_2，此时中间门限值 $U_{r1}=128\Delta$。

若 $U_s>U_{r1}=128\Delta$，则量化信号在后 4 段(5、6、7、8 段上)，此时 $a_2=1$；

若 $U_s<U_{r1}=128\Delta$，则量化信号在前 4 段(1、2、3、4 段上)，此时 $a_2=0$。

(2) 第二次比较。

在第一次比较的基础上，确定段落码的第二位 a_3。

当 $a_2=1$ 时，此时的中间门限值 $U_{r2}=512\Delta$；

若 $U_s>U_{r2}=512\Delta$，则量化信号在 7、8 段上，此时 $a_3=1$；

若 $U_s<U_{r2}=512\Delta$，则量化信号在 5、6 段上，此时 $a_3=0$。

当 $a_2=0$ 时，此时的中间门限值 $U_{r2}=32\Delta$；

若 $U_s>U_{r2}=32\Delta$，则量化信号在 3、4 段上，此时 $a_3=1$；

若 $U_s<U_{r2}=32\Delta$，则量化信号在 1、2 段上，此时 $a_3=0$。

(3) 第三次比较。

在第一、二次比较的基础上确定，段落码的第三位 a_4。

当 $a_2=1$，$a_3=1$ 时，此时的中间门限值 $U_{r3}=1024\Delta$。

若 $U_s>U_{r3}=1024\Delta$，则量化信号在第 8 段上，$a_4=1$；

若 $U_s<U_{r3}=1024\Delta$，则量化信号在第 7 段上，$a_4=0$。

当 $a_2=1$，$a_3=0$ 时，此时的中间门限值 $U_{r3}=256\Delta$。

若 $U_s>U_{r3}=256\Delta$，则量化信号在第 6 段，$a_4=1$；

若 $U_s<U_{r3}=256\Delta$，则量化信号在第 5 段，$a_4=0$。

当 $a_2=0$，$a_3=1$ 时，此时的中间门限值 $U_{r3}=64\Delta$；

若 $U_s>U_{r3}=64\Delta$，则量化信号在第 4 段，$a_4=1$；

若 $U_s<U_{r3}=64\Delta$，则量化信号在第 3 段，$a_4=0$。

当 $a_2=0$，$a_3=0$ 时，此时的中间门限值 $U_{r3}=16\Delta$；

若 $U_s>U_{r3}=16\Delta$，则量化信号在第 2 段，$a_4=1$；

若 $U_s<U_{r3}=16\Delta$，则量化信号在第 1 段，$a_4=0$。

3. 段内码 $a_5 \sim a_8$ 的判决

经过以上三次比较，段落码 $a_2 \sim a_4$ 已经确定，量化信号 U_s 属于哪一段也就知道了，编段内码的判定值 U_{ri} 可由下面式子确定。

$U_{r5}=$段落起始电平$+8\Delta_i$

$U_{r6}=$段落起始电平$+a_5\times 8\Delta_i+4\Delta_i$

$U_{r7}=$段落起始电平$+a_5\times 8\Delta_i+a_6\times 4\Delta_i+2\Delta_i$

$U_{r8}=$段落起始电平$+a_5\times 8\Delta_i+a_6\times 4\Delta_i+a_7\times 2\Delta_i+\Delta_i$

编码(二)

当 $U_s\geqslant U_{ri}$ 时，$a_i=1$；当 $U_s<U_{ri}$ 时，$a_i=0$。

由上面的编码可以看出，编第 i 位码的判定门限值 U_{ri}(除 $i=1$，2 外)

都要由前面已编出的 $i-1$ 位码来决定，所以要将前面已编出的码位反馈回来控制下一个门限值的输出，而这种编码是通过一次次的比较实现的，所以称为逐次反馈型编码。

【例 2-2】 设某信号的样值信号为 $U_s=+183\Delta$，试编写其对应的 8 位 PCM 码。

解：由于 U_s 为正极性，所以 $a_1=1$。

首先进行段落编码：

a_2：门限 $U_{r2}=128\Delta$，$183\Delta>128\Delta$，则 $a_2=1$；

a_3：门限 $U_{r3}=512\Delta$，$183\Delta<512\Delta$，则 $a_3=0$；

a_4：门限 $U_{r4}=256\Delta$，$183\Delta<256\Delta$，$a_4=0$。

因此，$a_2a_3a_4=100$，说明样值处在第 5 段落上，$\Delta_i=\Delta_5=8\Delta$。

其次进行段内编码：

$U_{r5}=128\Delta$；

a_5：门限 $U_{r5}=128\Delta+8\times8\Delta=192\Delta$，$183\Delta<192\Delta$，则 $a_5=0$；

a_6：门限 $U_{r6}=128\Delta+4\times8\Delta=160\Delta$，$182\Delta>160\Delta$，则 $a_6=1$；

a_7：门限 $U_{r7}=128\Delta+4\times8\Delta+2\times8\Delta=176\Delta$，$182\Delta>176\Delta$，则 $a_7=1$；

a_8：门限 $U_{r8}=128\Delta+4\times8\Delta+2\times8\Delta+1\times8\Delta=184\Delta$，$182\Delta<184\Delta$，则 $a_8=0$。

则编码码字为 11000110。

2.3.4 解码

解码是根据 A 律 13 折线压扩特性，将收到的 PCM 信号还原成 PAM 样值信号，即实现数/模变换(D/A 变换)。解码器一般采用电阻解码网络来实现，目前多采用权电流线性电阻网解码，其解码框图如图 2-13 所示。与图 2-12 中本地译码器很相似，它主要由记忆电路、7/12 码变换电路、极性控制、寄存器存入与读出电路、恒流源及线性电阻网络组成。

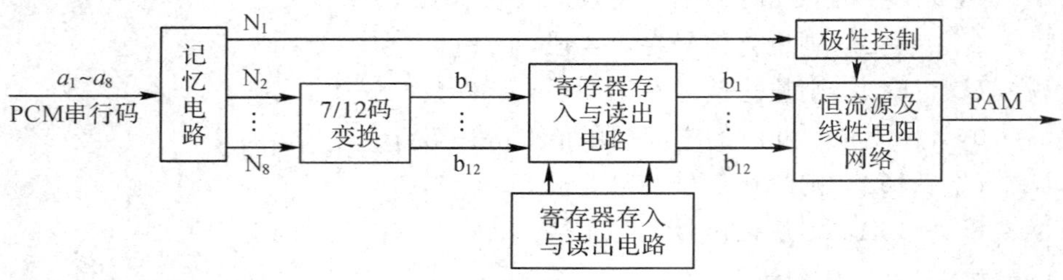

图 2-13 解码原理图

1. 记忆电路

记忆电路的作用是将次序输入的串行 PCM 码变成同时输出的并行码，一起送入极性控制和 7/12 码变换电路中，所以它是一个串/并变换电路。

2. 极性控制

极性控制的作用是根据收到的极性码 a_1 是“1”还是“0”来辨别 PCM 信号的极性，使译码后的 PAM 信号的极性恢复成与发送端相同的极性。

3. 7/12 码变换电路

7/12 码变换电路的作用是使输出的线性码增加一位码，即在将 7 位非线性的幅度码变成 11 位的线性码基础上，再附加一个第 12 位，人为地补上半个量化间隔，使量化误差不超过半个量化级，从而改善量化信噪比。这样在解码中代码变换就将 7 位变为 12 位。12 位线性码的权值如表 2－5 所示。

表 2－5　12 位线性码的权值

幅度码	B_1	B_2	B_3	B_4	B_5	B_6	B_7	B_8	B_9	B_{10}	B_{11}	B_{12}
权值	1024Δ	512Δ	256Δ	128Δ	64Δ	32Δ	16Δ	8Δ	4Δ	2Δ	1Δ	$\frac{1}{2}\Delta$

4. 寄存器读出电路

寄存器读出电路的作用是缓冲解码的时间，把存入的信号在确定的时刻一齐读出到解码网络中。送出的并行 12 位线性码代表一个量化样值幅度，用它去控制相应的恒流源及电阻网络的开关，就会产生对应的解码输出，得到的是 PAM 的量化样值。

5. 恒流源及线性电阻网

解码网络由恒流源、码元控制开关、线性电阻网组成。12 位码元分别控制相应的码元控制开关，当某些位码元为 1 时，开关闭合，对应的恒定电流源就会流经电阻网络，最后得到的输出的电压总和正比于编码信号所代表的模拟信号幅度量化样值。

【例 2－3】　若某一样值信号的 PCM 码 $a_1a_2a_3a_4a_5a_6a_7a_8=10111011$，求对应的脉冲样值。

解　由于 $a_1=1$，所以极性为正。

因为 $a_2a_3a_4=011$，所以样值落在第 4 段，起始电平为 $U_4=64\Delta$，量化间隔 $\Delta_4=4\Delta$；

又由于 $a_5a_6a_7a_8=1011$，则有 $4\Delta\times11=44\Delta$，由于解码得到的是 12 位线性码，所以还需加上半个量化级（$\frac{4\Delta}{2}=2\Delta$），所以 $44\Delta+2\Delta=46\Delta$。

根据 7 位非线性码与 12 位线性码的对应关系，可得 0111010 对应的 12 位线性码为 $B_1B_2B_3B_4B_5B_6B_7B_8B_9B_{10}B_{11}B_{12}=000011011100$，根据二/十进制变换，得到样值脉冲为 $+110\Delta$。

2.4　其他编码方法

2.4.1　增量调制

增量调制简称 ΔM（或 DM），最早是由法国工程师 De Loraine 于 1946 年提出来的，是不同于 PCM 的另一种模拟信号数字化的方法。ΔM 的基本思想是利用相邻样值信号幅度的相关性，以相邻样值的相对大小变化来反映模拟信号的变化规律，就是将前一样值点与当前样值点的幅值之差(即增量)进行编码，这种利用差值编码进行的通信称为“增量调制(Delta Modulation)”。

显然，ΔM 由于只对相邻样值点的幅值之差进行编码，所以要求的编码位数不高，可以简化语音编码的方法，缩短二进制码组的长度。在低比特率时，ΔM 的量化信噪比高于 PCM。在话音数字传输中，主要采用 PCM 系统，但当通信容量不大、质量要求不高时，一般采用增量调制 ΔM(或 DM)系统。

在 PCM 中，将模拟信号的抽样量化值进行编码，为了减小量化噪声，需较长的码(通常语音信号采用 8 位)，因此编码设备较复杂，信道利用率不高。而 ΔM 只用 1 位二进制码就可实现模数转换。

1. 编码的基本思想

简单增量调制是一种只对前后样值之差的符号，而不是差值大小进行编码的一种编码方式。在编码过程中，量化只分为两个量化层，量阶 Δ 固定不变，只用 1 bit 传输一个样值。即若当前样值点与前一样值点的差值为正，就上升一个量阶 Δ，同时 ΔM 调制器输出二进制“1”码；若差值为负，就下降一个量阶 Δ，同时 ΔM 调制器输出二进制“0”码。因此数码“1”和“0”只是表示信号相对于前一时刻的增减，不代表信号的绝对值。图 2－14 画出了增量调制过程的波形图，在图 2－14(b)中，其对应的编码为：000111110000…。

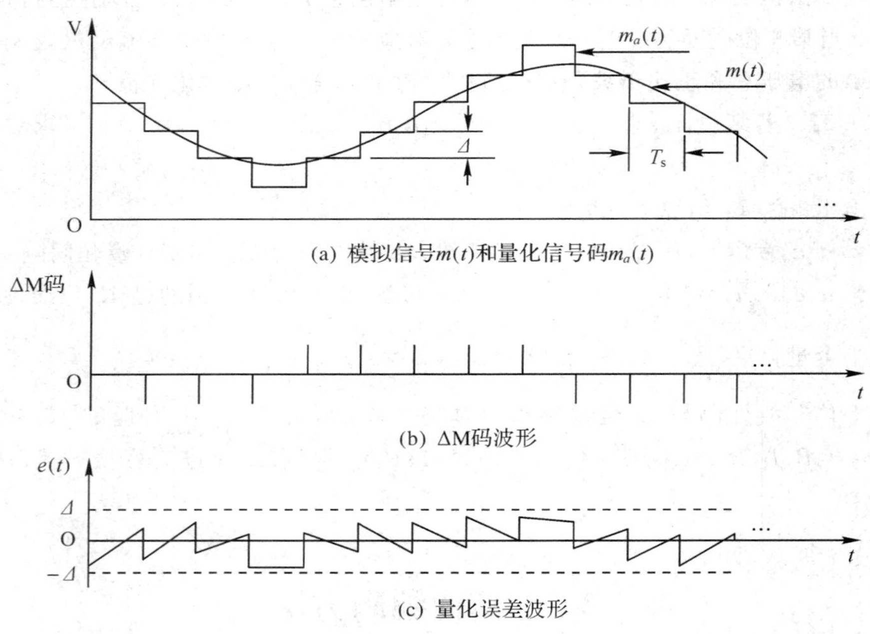

(a) 模拟信号$m(t)$和量化信号码$m_a(t)$

(b) ΔM码波形

(c) 量化误差波形

图 2－14　增量调制过程

简单增量调制(ΔM)实际上是一种编码数 $n=1$ 的差值脉码调制(DPCM)的特例，所以又称为 1 比特量化。

2. 译码的基本思想

与编码相对应，译码也有两种情况，一种是收到“1”码就相对于前一个时刻的值上升一个量阶 Δ，收到“0”码下降一个量阶 Δ。这样把二进制代码经过译码变成了阶梯波，再经过低通滤波器去掉高频量化噪声，从而恢复原始信号只要抽样频率足够高，量化阶距大小适当，接收端恢复的信号与原信号非常接近，量化噪声可以很小。

3. 简单增量调制系统框图

从简单增量调制解调的基本思想出发，可以组成简单增量调制(ΔM)系统的简化方框图如图 2-15 所示。在这里，脉冲调制器实际上是一个由 D 触发器组成的定时判决电路，定时脉冲作用时刻，输入电位为正，触发器呈高电位，相当于 1 码，反之输入电位为负，触发器呈低电位，相当于 0 码；积分器通常采用单纯的 RC 充放电电路作为译码器(预测器)。低通滤波器的作用是滤去量化误差的高频成分，从而使译码得到的阶梯波得到平滑，恢复出模拟信号。

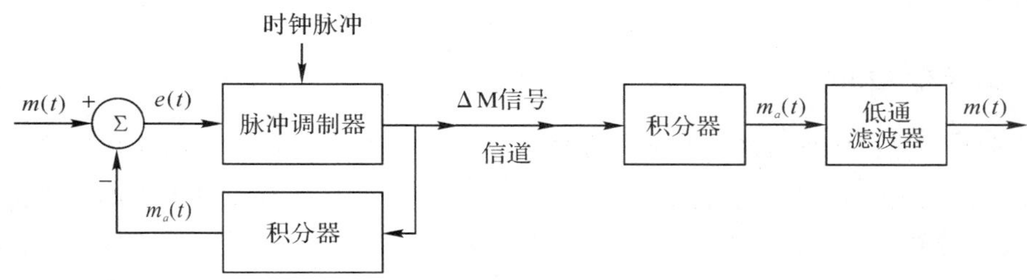

图 2-15　单路 ΔM 系统简化框图

4. 简单增量调制系统的失真

在 ΔM 系统中量化误差产生的失真主要有两种：一般失真和斜率过载失真，也可称为颗粒噪声和斜率过载噪声。前者是由于 Δ 过大，在 $m(t)$变化缓慢的时候，$m_a(t)$相对于 $m(t)$产生较大的摆动而造成的失真。而后后者是由于当输入信号的斜率较大，调制器跟踪不上输入信号的变化而产生的。因为在 ΔM 系统中每个抽样间隔内只允许有一个量化电平的变化，所以当输入信号的斜率比抽样周期决定的固定斜率(Δ/T_s)大时，量化阶的大小便跟不上输入信号的变化，因此产生斜率过载噪声，如图 2-16 所示。

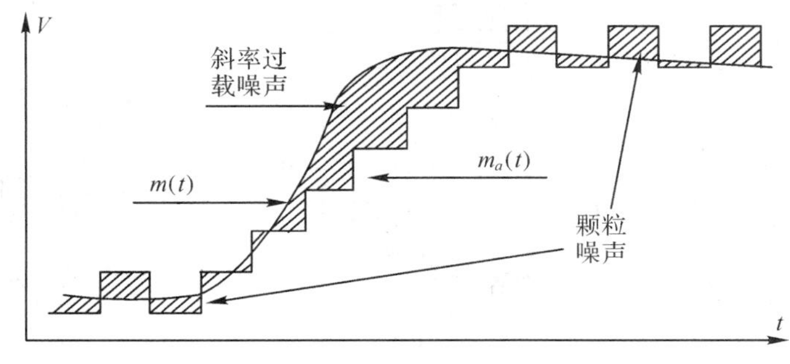

图 2-16　ΔM 中的量化噪声

5. 增量调制与 PCM 的性能比较

(1) 两者都是模拟数字化的基本方法，但 PCM 是对样值大小本身进行编码，而 ΔM 是对相邻样值的差值符号进行编码。

(2) 在比特率低时，ΔM 的信噪比高于 PCM。在误码可忽略以及信道传输速率相同的条件下，如果 PCM 系统编码位数 $n<4$，则它的性能比 ΔM 系统差，如果编码位数 $n>4$。随着 n 的增大，PCM 相对于 ΔM 来说，其性能越来越好。

(3) 增量调制抗误码性能好。由于 ΔM 每一位误码仅表示造成 $\pm 2\Delta$ 的误差，而 PCM 的每一位码元都有不同的加权值，一旦发生误码，会造成较大的误差。ΔM 可用于比特误码率为 $10^{-3}\sim10^{-2}$ 的信道，而 PCM 要求为 $10^{-6}\sim10^{-4}$。

(4) 增量调制通常采用单纯的比较器和积分器作编译码器(预测器)，结构比 PCM 简单。

目前随着集成电路技术的发展，ΔM 的优点已不是那么显著。ΔM 系统在进行语音通信时话音清晰度和自然度方面都不如 PCM。所以目前 ΔM 多用于通信容量小和对通信质量要求不高的场合，很少或根本不用于多路通信系统中。

2.4.2 改进型增量调制

从前面分析知，简单增量调制的主要缺点是动态范围小和小信号时量化信噪比低。造成这些缺点的原因是量阶 Δ 是固定不变的量，因此改进型是从改变量阶大小考虑的。如果大信号(或信号斜率大)时能增大量阶，小信号(或信号斜率小)时能减小量阶，则编码的动态范围就可以增加，并能提高小信号时的量化信噪比。这里主要介绍几种常用的改进简单增量调制的方法。

1. 增量总和调制(Δ－Σ)

增量总和调制(Δ－Σ)改进的办法是对输入模拟信号 $m(t)$ 先积分，然后进行简单增量调制。图 2－17 可以从物理意义上说明这种改进的方法，图 2－17(a)中 $m(t)$ 的高低频成分都很丰富。用简单增量时，$m_a(t)$ 跟不上 $m(t)$ 的急剧变化，出现严重的过载失真，而当

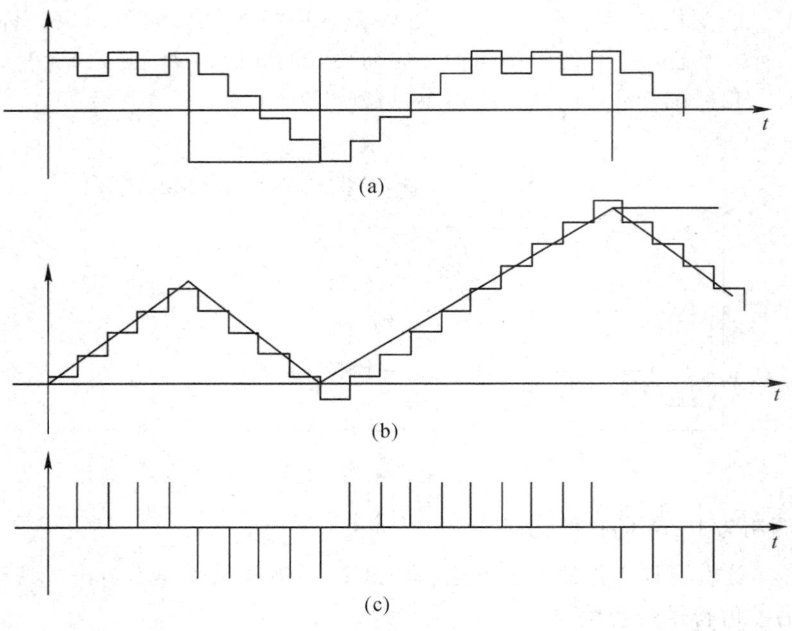

图 2－17　Δ－Σ 的工作波形

$m(t)$缓慢变化时，也可能将出现连续的 1、0 交替码，这段时间幅度变化信息也将丢失。但如果对信号 $m(t)$先进行积分，积分后的 $\int_0^t m(t)\mathrm{d}t$ 如图 2－17(b)所示，这时原来急剧变化时的过载现象和缓慢变化时信息丢失的问题都将克服。

由于对 $m(t)$先积分再进行增量调制，因此，在接收端解调以后要对解调信号微分，以便恢复原来的信号。这种先积分后增量调制的方法称为增量总和调制，用 Δ－Σ 表示。

根据前面分析，增量总和调制只需在 ΔM 的基础上，发送端先将信号通过一个积分器，而接收端在译码后增加一个微分器以抵消积分器对信号的影响，Δ－Σ 调制系统如图 2－18所示。图中接收端有一个积分器和一个微分器，微分和积分的作用互相抵消，因此，接收端一般只要一个低通滤波器即可。

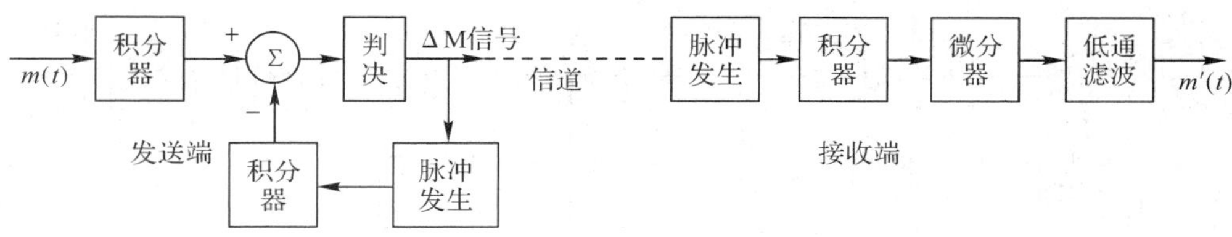

图 2－18　Δ－Σ 调制系统

ΔM 调制的代码反映着相邻两个抽样值变化量的正负，这个变化量就是增量，因此称为增量调制。增量又有微分的含义，因此增量调制也可称为微分调制。其二进制代码携带输入信号增量的信息，或者说携带输入信号微分的信息。因此恢复这种信息成输入信号，只需对代码积分即可。Δ－Σ 调制的代码就不同了，因为信号是经过积分后再进行增量调制，这样 Δ－Σ 携带的是信号积分后的微分信息。由于微分、积分互相抵消，因此 Δ－Σ 的代码实际上代表输入信号振幅信息，如图 2－17(c)所示。因此接收端只要加一个滤除带外噪声的低通滤波器即可恢复传输的信号。

与简单增量调制相似，Δ－Σ 调制系统也存在动态范围小的缺点。要想解决这个问题只有使量阶 Δ 的大小自动跟随信号幅度大小变化。

2. 自适应增量调制(ADM)

自适应增量调制就是量阶自动跟随信号幅度大小变化的调制，即当大信号时，增大量阶 Δ，小信号时，减小量阶 Δ。在 ADM 中，因量阶 Δ 不再固定，这就相当于非均匀量化，故也叫压扩式自适应增量调制。为了使增量调制器的量化阶 Δ 能自适应，也就是根据输入信号斜率的变化自动调整量化阶 Δ 的大小，以使斜率过载和颗粒噪声都减到最小，许多研究人员研究了各种各样的方法，而且几乎所有的方法基本上都是在检测到斜率过载时开始增大量化阶 Δ，而在输入信号的斜率减小时降低量化阶 Δ。

ADM 调制的量阶 Δ 随信号大小(信号斜率大小)而变，因此其系统框图的构成应建立在 ΔM 的基础上，增加检测信号幅度变化(斜率大小)的电路(提取控制电压电路)和用来控制 Δ 变化的电路。根据控制 Δ 变化的方法，ADM 又分为瞬时压扩和音节压扩两种。瞬时压扩是指量阶 Δ 随信号斜率瞬时变化，这种方法实现起来比较困难；音节压扩是在一段时间内取平均斜率来控制 Δ 的变化。比较常用的适合话音信号的就是音节压扩。音节压扩是用话音信号一个音节内的平均斜率来控制 Δ 的变化，即在某一音节内量阶 Δ 值是保持不变的。但在不同音节内的 Δ 值将改变。音节是指话音信号包络变化的一个周期。这个周期一般是随机的，但大量统计证明，对于话音信号而言，一个音节一般约为 10 ms。

2.4.3 数字压扩自适应增量调制

数字压扩自适应增量调制是数字检测、音节压缩与扩张自适应增量调制的简称。

数字压扩自适应增量调制系统框图如图 2-19 所示。与简单 ΔM 调制相比，收发端增加了数字检测器、平滑电路和脉冲幅度调制器三部分，正是这三部分完成数字检测和音节压扩的作用。

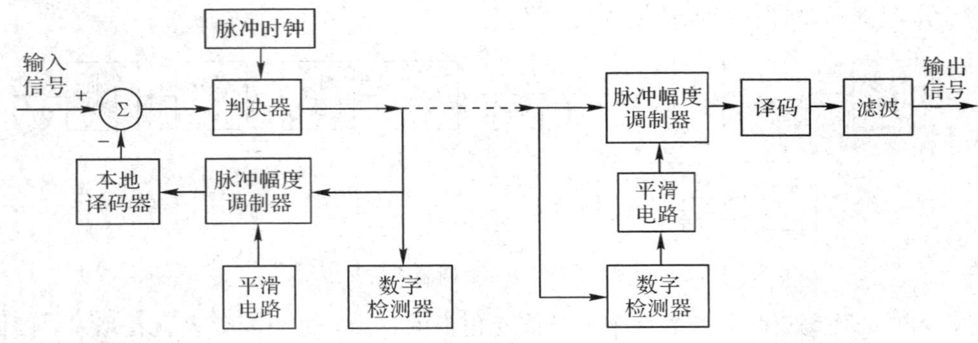

图 2-19 数字压扩自适应增量调制系统原理框图

数字检测是指用数字电路检测和提取控制电压。在数字压扩自适应增量调制中，量阶 Δ 是随信号一个音节时间内的平均斜率而变的。如何提取一个音节内的平均斜率信息呢？不难发现，若信号急剧变化，则斜率越大，此时信码中连"1"码(对应正斜率)或连"0"码(对应负斜率)的数目也越多。数字检测器就是检测信码中连码多少的，出现连码时数字检测器将输出与之对应宽度的脉冲。

平滑电路实际上就是一个积分器，它的作用是将数字检测器输出的脉冲平滑，取出其平均值，将带有平均斜率信息的输出电平作为脉冲幅度调制器的控制电平。

脉冲幅度调制器在平滑电路输出电压作用下改变输出脉冲的幅度。当连"1"码多时，平滑电路输出的电压增大，输出正脉冲的幅度就高；反之，其输出脉冲幅度就低。

这样，本地译码器输出的量阶 Δ 将随脉冲幅度调制器输出脉冲幅度的变化而变化，从而达到了音节压缩的目的。由于量阶 Δ 的大小直接反映了重建模拟信号所需的斜率Δ/T_s，且随脉冲幅度调制器输出连续可变，故这种数字检测、音节压扩的增量调制又称为连续可变斜率增量调制。

接收端的方框组成相当于发送端的本地译码器再加一个低通滤波器，工作原理与发送端相似。

2.4.4 压缩的必要性和可能性

采用数字通信系统传输模拟信号具有许多优越性，尤其在多媒体通信技术中。但数字化了的模拟信号的数据量是非常大的。如现有的 PCM 编码需采用 64 kb/s 的 A 律或 μ 律对数压扩方法，才能符合长途电话传输话音的质量指标，每路电话占用频带要比模拟单边带系统宽很多倍；一路 PAL 制彩色数字电视，若采用三倍副载频抽样，每像素 8 比特编码，数码率为 4.43×3×8＝106.32 Mb/s，若实时传送，大约要占用 64 kb/s 的数字话路 1660 个，若要存储，一张 640 MB 的光盘也只能存放 48 s 的图像。由此可见，无论传输还是从存储的角度来考虑，数据压缩都是非常必要的。

另一方面，语音、图像等信息信号具有很大的压缩潜力。虽然 PCM 编码系统是数字通信系统的最基本的形式，但不是唯一的，也不是最有效或数码率最小的编码方式。因为语音、图像等信息信号在时间上通常具有连续变化的特性，他们的幅度值的变化不会大起大落，那种完全是突发性的冲激型信号总是少数，信号波形各相邻抽样值之间常常接近于相同值，存在着某种相关性，有大量的冗余度。减少或去掉数据中的冗余度就可以压缩数据，而不损失信息。此外，也可以以一定的质量损失为容限对数据进行有损压缩。

2.4.5 常见的压缩编码技术

数据压缩技术的方法有很多，常用的压缩编码方法可分为两类：一类是容余度压缩法，也叫无失真编码或信息无损编码；另一类是熵压缩法，也叫信息有损编码。

香农在创立信息论时，将数据看做是信息和冗余度的组合。冗余度压缩就是去掉或减少数据中的冗余。例如，需发送或存储的数据在一段很长时间内不变化，则许多相邻抽样值将是重复的，若只传输或存储变化的抽样值和两个变化抽样值之间重复抽样值的数目，就可以压缩数据，且原来的数据可以重新构造出来，不丢失任何信息。典型的冗余压缩编码有 Huffman 编码、Shannon - Fano 编码、算术编码、游程长度编码等。

熵定义为平均信息量。熵压缩编码在允许一定程度失真的情况下压缩了熵，会减少信息量，而损失的信息是不可再恢复的。例如，在监测抽样值时设置某个门限，只有当抽样值超过这个门限时才传送数据，若很少有数据超过门限，则可压缩大量的信号空间，但原来的实际抽样值也不能精确恢复，信息有所丢失。典型的熵压缩编码有预测编码、变换编码等。在实际应用中，一个高效编码方案常常需要同时使用多种编码技术，下面介绍两种常见的压缩编码技术。

1. 预测编码

预测编码是数据压缩技术的一个重要分支。所谓预测编码，是对预测误差信号进行量化和编码。具体地说，是利用样值序列之间存在的相关性，根据过去的一个或多个信号抽样值预测现在的信号抽样值，并对实际值和预测值的差(预测误差)进行量化和编码。如果预测比较准确，误差就会很小。在同等精度要求的条件下，就可以用比较少的比特进行编码，达到压缩数据的目的。

预测编码中典型的压缩方法有 DPCM、ADPCM 和 ΔM。

1) 差分脉冲编码调制(DPCM)

DPCM 主要用于图像压缩。DPCM 是对抽样值与预测值的差值进行量化、编码和传输的数字通信系统。其基本工作原理如下：由信号的统计特性，系统根据前一信号或多个信号预测当前信号的可能取值，然后将输入的实际信号值与预测信号值相比较，只对其差值进行量化、编码。DPCM 的原理框图如图 2 - 20 所示。

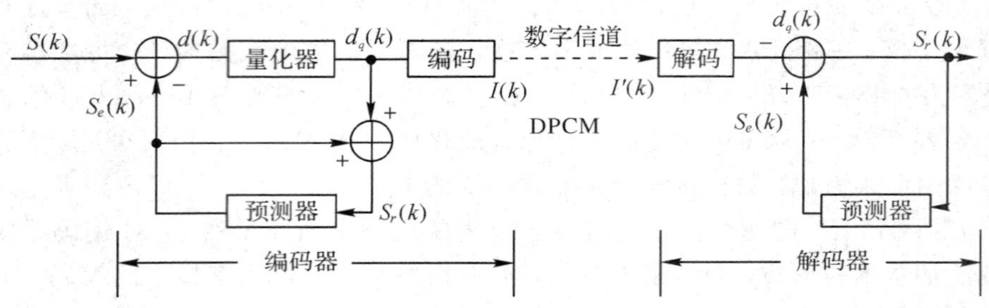

图 2-20 DPCM 原理框图

图中输入抽样值信号为 $S(k)$，接收端输出重建信号为 $S_r(k)$，$d(k)$是输入信号与预测信号 $S_e(k)$的差值，$d_q(k)$是经量化后的差值，$I(k)$是 $d_q(k)$信号经编码后输出的数字码。

编码器中的预测器与解码器中的预测器中完全相同，因此，在信道传输无误码的情况下，解码器输出的重建信号 $S_r(k)$与编码器的 $S_r(k)$完全相同。DPCM 的总量化误差 $e(k)$定义为输入信号 $S(k)$与解码器输出的重建信号 $S_r(k)$之差，即有

$$\begin{aligned} e(k) &= S(k) - S_r(k) = [S_e(k) + d(k)] - [S_e(k) + d_q(k)] \\ &= d(k) - d_q(k) \end{aligned} \tag{2-8}$$

由式(2-8)可知，在这种 DPCM 系统中，总量化误差只和差值信号的量化误差有关。DPCM 系统是综合了 PCM 和 ΔM 的特点，它与 PCM 的区别是：在 PCM 中是用信号抽样值进行量化、编码后传输，而 DPCM 则是用信号抽样值与信号预测的差值进行量化、编码后再传输。DPCM 与 ΔM 不同点是：在 ΔM 中用一位二进制表示增量符号；而在 DPCM 中是用 n 位二进码表示增量，因此它是介于 ΔM 和 PCM 之间的一种编码方式。

DPCM 的优点是算法简单，容易硬件实现，缺点是对信道噪声很敏感，会产生误差扩散。即某一位码出错，将使该像素以后的同一行各个像素都产生误差，将使图像质量大大下降。同时，DPCM 的压缩率也比较低。随着变换编码的广泛应用，DPCM 的作用已很有限。

2）自适应差分脉冲编码调制(ADPCM)

ADPCM 是在 DPCM 的基础上逐步发展起来的，是语音压缩编码中复杂度较低的一种方法，它能在 32 kb/s 数码率上达到符合 64 kb/s 数码率的语音质量要求，也就是符合长途电话的质量要求。DPCM 预测效果与信号统计特性有密切关系。要使声音和图像信号(统计特性随时间变化)获得最佳的效果，预测电路应跟踪信号性质的变化。若采用固定的预测电路，传输效果会有所降低。ADPCM 的主要改进是量化和预测器均采用自适应方式，使量化器和预测器的参数能随输入信号的统计特性自适应于最佳或接近于最佳参数状态。主要用于对中等质量的音频信号进行高效率压缩，例如语音信号的压缩、调幅广播音质的信号压缩等。

自适应量化——在一定的量化级数下，减少量化误差或在相同误差情况下压缩数据。自适应量化必须具有对输入信号幅度值的估算能力，否则无法确定信号改变量的大小。

自适应预测——根据常见的信息源求得多组固定的预测参数，将预测参数提供给编码使用。在实际编码时，根据信息源的特性，以实际值与预测值的均方差最小为原则，自适应地选择其中一组固定的预测参数进行编码。

2. 变换编码

变换编码是指先对信号进行某种函数变换，使信号从一种信号域变换到另外一种信号域，然后对变换后的信号进行抽样、量化和编码。比如音频、视频信号属于低频信号，它们在频域中的能量较集中。如将时域音频、视频信号变换到频域再进行抽样、量化和编码，就肯定可以压缩数据。

变换编码中常用的变换有离散傅立叶变换(DFT)、离散余弦变换(DCT)、Walsh - Hadamard 变换和 Karhunen - Loeve 变换。

1) *语音压缩编码*

音频信号可分为电话质量的语音信号、调幅广播的音频信号和高保真立体声音频信号。音频信号的压缩编码方法有很多种，主要有无损编码形式的 Huffman 编码和游程长度编码；有损编码形式的 DPCM、ADPCM、子带编码、线性预测 LPC 等。

(1) 电话质量的话音压缩标准。

电话质量的语音信号的频率范围是 300～3400Hz。常用标准有 C.711、G.721、G.723、G.728 和 GSM。

(2) 调幅广播质量的话音压缩标准。

调幅广播质量的信号的频率范围是 50～7000Hz。1988 年，CCITT 制定了 G.722 标准，采用子带编码的方法。

(3) 高保真立体声音频压缩标准。

高保真音频信号的频率范围是 20Hz～20kHz。目前，国际上比较成熟的高保真立体声音频压缩标准为 MPEG 标准。

2) *图像压缩编码*

原始的彩色图像信号，无论是静止图像还是动态图像，其数据量都非常巨大。但是，图像数据存在大量冗余度，可以去除或减少数据中的冗余而压缩数据。另一方面，人的视觉对彩色色度的感觉与对亮度的敏感性不一样，人眼对像素的亮度分辨率较强，而对像素的色度分辨率较弱，因而还可以利用人的视觉特性压缩数据。目前，主要的图像压缩编码方法有无损编码形式的 Huffman 编码、游程长度编码和算术编码等；有损编码形式的预测编码、变换编码、混合编码等。

目前，关于图像压缩编码有如下国际标准：

(1) 多灰度静止图像的数字压缩编码(JPEG)标准；

(2) 电视电话/会议电视 P×64kb/s(CCITTH.261)标准；

(3) 运动图像的数字压缩编码(MPEG - 1、MPEG - 2)标准；

(4) 二值图像的数字压缩编码(JBIG)标准；

(5) 多媒体与超媒体信息对象的编码(MHEG)标准；

(6) 甚低码率图像压缩编码(ITU - T H.263)标准。

模拟信号的数字化过程经过抽样、量化、编码三个步骤，即脉冲编码调制(PCM)的过

程。对模拟信号抽样，首先考虑该模拟信号是低通型信号还是带通型信号，再根据其抽样定理选择适当的抽样速率。数字化的第二个过程是量化，量化分均匀量化和非均匀量化两种。均匀量化也称为线性量化，它将PAM的取值范围均匀分成 N 等份($N=2n$)。非均匀量化将小信号量化级分得较小，大信号量化级分得较大，即量化级是非均匀的，用较少的编码位数获得较大的信噪比。13折线A律压扩特性是一种数字非均匀量化方法。数字化的第三个过程是编码，PCM编码系统用8bit数字码来表示一个样值，其中 B_1 为极性码(“1”为正极性，“0”为负极性)，$B_2B_3B_4$ 为段落码，用来表示样值的幅度属于8个段落中的哪一段，$B_5B_6B_7B_8$ 为段内码，用来表示样值属于该段落中的哪一个量化级。PCM译码为了减小量化误差，在译码时人为地增加了半个量化级。在实际中，通常量化和编码是同时进行的。

增量调制(ΔM)系统用一位编码来跟踪信号 $m(t)$ 的变化。当信号 $m(t)$ 斜率较大时，会出现斜率过载失真；当斜率较小时，会出现颗粒噪声。增量总和调制(Δ-Σ)则改善了其失真程度。压缩编码可以减少传输和存储中的数据量，一般有有损编码和无损编码两种类型。比较常见的压缩编码技术有差分脉冲编码调制(DPCM)、自适应差分脉冲编码调制(ADPCM)、变换编码等。

一、填空题

1. 模拟信号数字化的过程分为________、________和________三个过程。

2. 均匀量化是指在量化区内均匀等分 N 个小间隔，均匀量化的间隔是一个常数，其大小由输入信号的变化范围和量化级数决定，即________。

3. PCM编码系统用________bit数字码来表示一个样值。

二、简答题

1. 设模拟信号的频谱为0～4000，如果抽样频率 $f_s=6000$ Hz，试画出其抽样后的频谱，并分析此频谱会出现什么现象。

2. 带同信号的特点是什么？对于带通信号抽样时应如何选取抽样频率？

3. 均匀量化时的 Δ、U、N 的关系是什么？量化值等于何值？在量化区内最大量化误差等于多少？在过载区的量化误差等于多少？

4. 已知某次抽样得到的样值是106，采用A律13折线对其进行8位编码，写出编码过程。

5. 接收端收到一组码元11011100，收端解码值是多少？

第 3 章
数字信号的基带传输

学习目标

1. 掌握数字基带信号的概念；

2. 理解数字基带信号的常用码型；

3. 重点掌握基带传输中理想低通特性的传输、可实现滚降特性低通滤波器、部分响应系统的相关内容和它们之间的衔接关系。

学习重点

1. 数字基带信号的常用码型；

2. 无码间干扰条件。

学习难点

1. 码型变换；

2. 具有理想低通特性的传输模型。

课前预习相关的内容

1. 理想低通滤波器的频谱图；

2. 冲激信号与冲激响应。

基带 Baseband 信源(信息源，也称发终端)发出的没有经过调制(进行频谱搬移和变换)的原始电信号所固有的频带(频率带宽)，称为基本频带，简称基带。数字信号的基带传输指的是将信源产生的未经调制的原始数字信号，直接进行传输的方式。该传输方式一般可用于短距离的有线通信，相比于调制后的频带传输，系统结构较简单，线路损耗少。

3.1　数字基带传输系统

通过前面学习，我们知道通信系统就是传递信息所需要的一切技术设备和传输媒介的总和，包括信息源、发送设备、信道、接收设备和信宿。模拟传输系统传输模拟信号，数字传输系统传输数字信号。数字通信系统与模拟通信系统相比，具有抗干扰能力强、便于加密、易于实现集成化、便于与计算机连接等优点。因而，数字通信更能适应对通信技术的越来越高的要求。近二十几年来，数字通信发展十分迅速，在整个通信领域中所占比重日益增长，在大多数通信系统中已代替模拟通信，成为当代通信系统的主流。

在数字传输系统中，其传输的对象通常是二进制数字信号，它可能是来自计算机、电传打字机或其他数字设备的各种数字脉冲，也可能是来自数字电话终端的脉冲编码调制(PCM)信号。这些二进制数字信号的频带范围通常从直流和低频开始，直到某一频率 f，我们称这种信号为数字基带信号。在某些有线信道中，特别是在传输距离不太远的情况下，数字基带信号可以不经过调制和解调过程在信道中直接传送，这种不使用调制和解调设备而直接传输基带信号的通信系统，称为基带传输系统。而在另外一些信道，特别是无线信道和光信道中，数字基带信号则必须经过调制过程，将信号频谱搬移到高频处才能在信道中传输，相应地，在接收端必须经过解调过程，才能恢复数字基带信号。我们把这种包括了调制和解调过程的传输系统称为数字频带传输系统。数字基带传输系统的模型如图 3－1 所示，它主要包括码型变换器、发送滤波器、信道、接收滤波器和抽样判决器等部分。

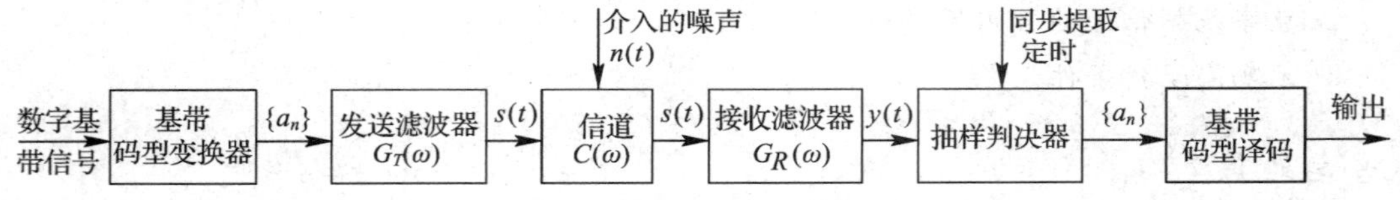

图 3－1　数字基带传输系统模型

图 3－1 中各部件的功能如下：

发送滤波器：即信道信号形成器，产生适合于信道中传输的基带信号。

信道：基带信号传输媒介(通常为有线信道)。

介入的噪声 $n(t)$：均值为零的高斯白噪声。

接收滤波器：接收有用信号，滤除带外噪声，对信道特性均衡，使输出的基带波形有利于抽样判决。

抽样判决器：对接收滤波器的输出波形进行抽样、判决和再生(恢复基带信号)。

同步提取定时：从接收信号中提取用来抽样的未定时脉冲。

基带码型译码：将抽样判决器送出的信号还原成原始信码。

3.2　数字基带信号及其频谱特性

3.2.1　数字基带信号

数字基带信号一般用电波形表示相应的消息代码，采用的电波形有矩形脉冲、升余弦脉冲、高斯形脉冲、半余弦波形等。由于矩形脉冲易于产生、变换且简单，因此常常采用矩形脉冲表示数字基带信号。

常见的基带信号波形有单极性不归零波形(NRZ)、单极性归零波形(RZ)、双极性不归零波形、双极性归零波形、差分波形、多电平波形等。

1. 单极性不归零波形(NRZ)

单极性不归零波形用正电平、零电平分别表示“1”，“0”码，如图 3 - 2(a)所示。在整个码元周期内，“1”码始终维持正电平，“0”码始终维持零电平。

2. 单极性归零波形(RZ)

单极性归零波形同样用正电平、零电平表示“1”，“0”码，不同的是“1”码元在其码元周期内电平会提前归于零电位，如图 3 - 2(b)所示。假定码元周期为 T_b，“1”码元维持正电平的时间为 t，则 t/T_b 称为占空比。

3. 双极性不归零波形

双极性不归零波形用正、负电平分别表示“1”，“0”码。在整个码元周期内，“1”码始终维持正电平，“0”码始终维持负电平，如图 3 - 2(c)所示。

4. 双极性归零波形

双极性归零波形同样用正、负电平分别表示“1”、“0”码，区别在于在每个码元周期内都会回到零电平，如图 3 - 2(d)所示。

特点：电脉冲宽度小于码元宽度，每个脉冲都回到零电位，且 $p(0)=p(1)$ 时，无直流。

5. 差分波形

差分波形是用波形的相对变化表示“1”,“0”码，与码元本身电位或极性无关，亦称相对码(上述单双极性码亦可称为绝对码)，如图 3 - 2(e)所示。

其波形变换规则：

“0”码：相邻码元电平不变；

“1”码：相邻码元电平变化。

由于差分波形由前后码元波形的相对变化表示，因此，即使信号在传输的过程中出现了反相，接收端依然能正确的判决。

6. 多电平波形

多值(多电平)波形指多个二进制符号对应一个脉冲的波形形式，如图 3 - 2(f)所示。

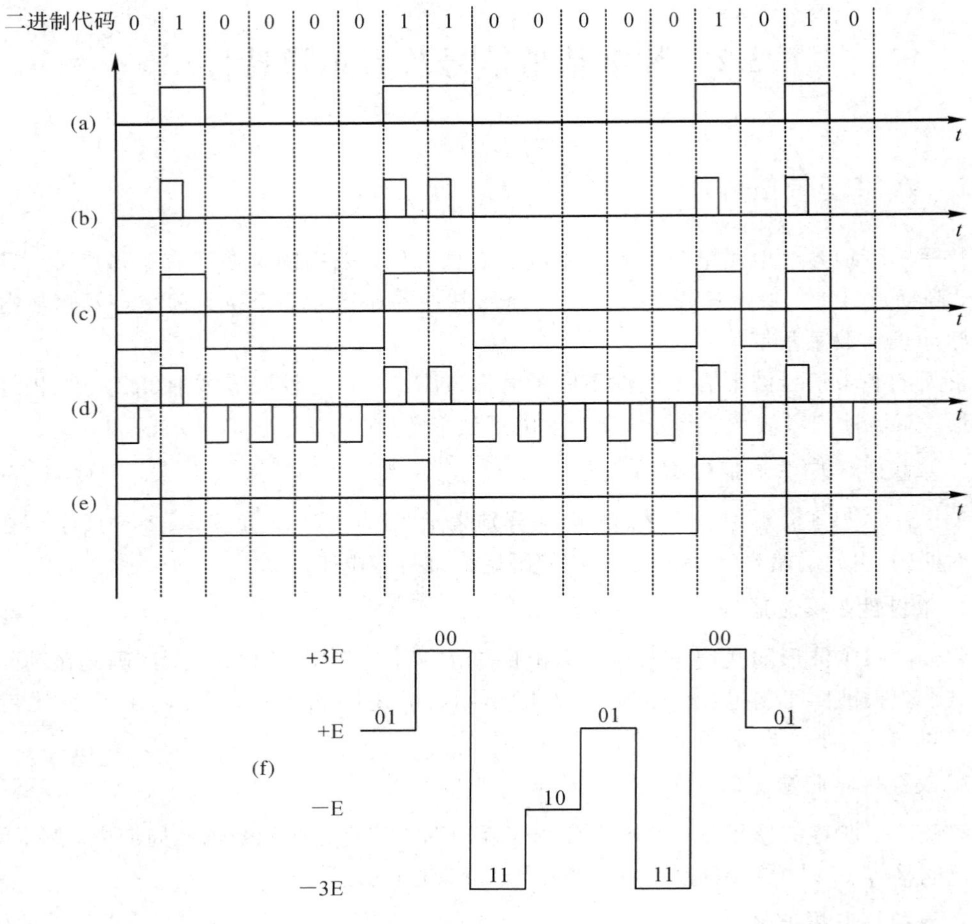

图 3-2　数字基带信号波形

3.2.2　数字基带信号频谱特性

数字基带信号通常是一个随机的脉冲序列。若其各码元波形相同而电平取值不同，则可表示为

$$s(t)=\sum_{n=-\infty}^{\infty}a_n g(t-nT_s) \tag{3-1}$$

式中，a_n 是第 n 个码元所对应的电平值(随机量)；T_s 为码元持续时间；$g(t)$为某种脉冲波形。数字基带信号 $s(t)$的频谱特性可以用功率谱密度来描述。设二进制随机信号为

$$s(t)=\sum_{n=-\infty}^{\infty}s_n(t) \tag{3-2}$$

式中，

$$s_n(t)=\begin{cases}g_1(t-nT_s)，对应“0”，以概率 P 出现\\ g_2(t-nT_s)，对应“1”，以概率(1-P)出现\end{cases}$$

则 $s(t)$的功率谱密度为

$$P_s(f)=f_sP(1-P)\left|G_1(f)-G_2(f)\right|^2 + \sum_{m=-\infty}^{\infty}\left|f_s[PG_1(mf_s)+(1-P)G_2(mf_s)]\right|^2\delta(f-mf_s) \tag{3-3}$$

式中，$f_s=1/T_s$ 为码元速率；$G_1(f)$和 $G_2(f)$分别为 $g_1(t)$和 $g_2(t)$的傅立叶变换。

从式(3-3)可得出以下结论：

数字基带信号的功率谱

(1) 二进制随机信号的功率谱密度包括连续谱(第一项)和离散谱(第二项)。

(2) 连续谱总是存在的，因为实际中 $G_1(f)\neq G_2(f)$。谱的形状取决于 $g_1(t)$和 $g_2(t)$的频谱及概率 P。

(3) 离散谱通常也存在，但对于双极性信号 $g_1(t)=-g_2(t)$，且等概率($P=1/2$)时离散谱消失。

(4) 通常，根据连续谱可以确定信号的带宽；根据离散谱可以确定随机序列是否有直流分量和位定时分量。这也正是我们分析频谱的目的。

作为示例，图 3-3 中画了图 3-2 中单极性及双极性波形在等概率($P=1/2$)条件下的功率谱密度。

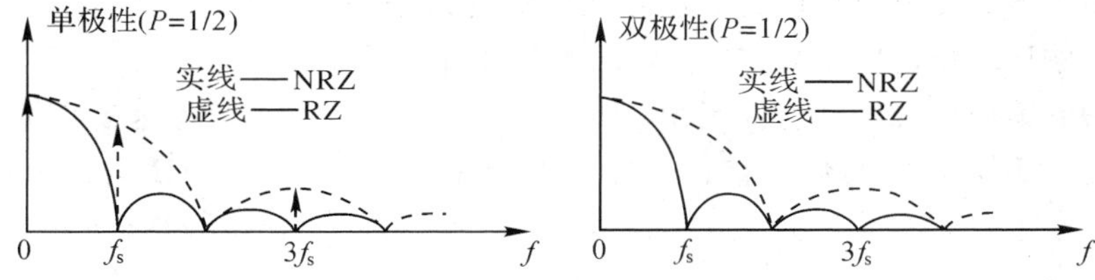

图 3-3　单极性及双极性波形功率谱密度

讨论：

(1) 方波谱(第 1 个零点)带宽等于脉冲宽度的倒数 $1/\tau$。NRZ($\tau=T_s$)信号带宽为 $B_s=1/\tau=2f_s$。其中 $f_s=1/T_s$，是未定时信号的频谱，它在数值上与码元速率 R_B 相等。

(2) 单极性 NRZ 信号没有定时分量，只有直流分量；单极性 RZ 信号含有直流、f_s 以及 f_s 的基次谐波项。等概率的双极性信号没有离散谱。

根据以上对基带信号功率谱的分析，我们可知：

单极性不归零波形占用频带窄，但是含有直流分量，难以直接在信道上传输，所以一般很少采用，只适合极短距离传输；单极性归零波形与单极性不归零波形相比，显著的优点是可以提取同步信号；双极性波形与单极性波形相比，由于从平均统计学来看，“1”码和“0”码出现的概率相同，因此，不含直流分量，且抗噪性能更好，其中双极性不归零波形常在 CCITT 的 V 系列接口标准或 RS-232 接口标准中使用，但由于不含谐波分量，因此，不能提取同步分量；双极性归零码除具有双极性不归零码的其他特点外，通过简单的变形，依然可以获取到同步信号，因此，双极性归零码具有抗干扰能力强，不含直流分量，便于同步信号提取等特点，应用广泛。

HDB3 码型变换

3.3 数字基带传输常见线路码型

3.3.1 线路码型基本要求

由于不同形式的基带信号具有不同的频谱特性，一般都要对原始基带信号进行码型变换，使其更加适应实际信道的传输特性，这种经过变换适合在实际信道中传输的码型称为线路码型。一般线路码型应该具备以下特性：

(1) 不含直流分量，低频及高频分量也应尽可能少。由于在基带传输系统中，往往存在着一些电容等隔直设备，不利于直流及低频分量的传输。此外，高频分量的衰减随传输距离的增加会快速地增大，另一方面，过多的高频分量还会引起话路之间的串扰，因此希望数字基带信号中的高频分量也要尽量少。

(2) 容易提取时钟信号。数字通信系统中，收发双方必须保持严格同步，一般接收端的定时需要从接收信号中提取，因此，线路码型应该易于提取时钟信号。

(3) 应该具备一定的自检能力。信号在传输的过程中，不可避免会受到干扰，当出现误码时，就会破坏码型的特有规律，接收端就能依此自检。

(4) 编码方案与信源统计特性无关，码型变换应易于实现，设备尽量简单。

根据以上要求，常用的数字基带传输线路码型有 AMI 码、CMI 码、HDB3 码、双相码等。

3.3.2 常用线路码型

1. AMI 码

AMI 码是传号交替反转码，编码时将原二进制信息码流中的“1”用交替出现的正、负电平(+1 码、−1 码)表示；“0”用 0 电平表示，所以在 AMI 码的输出码流中总共有三种电平出现，并不代表三进制，所以它又可归类为伪三元码。示例如下：

码元序列	0	1	0	0	1	1	0	1	1	0	1	1
AMI 码	0	+1	0	0	−1	+1	0	−1	+1	0	−1	+1

AMI 码的优点：功率谱中无直流分量，低频分量较小；解码容易；利用传号时是否符合极性交替原则，可以检测误码。

AMI 码的缺点：当信息流中出现长连 0 码时 AMI 码中无电平跳变，会丢失定时信息(通常 PCM 传输线中连 0 码不允许超过 15 个)。

2. HDB3 码

HDB3 码保持了 AMI 码的优点，还增加了电平跳变，它的全称是三阶高密度双极性码，也是伪三元码。如果原二进制信息码流中连“0”的数目小于 4，那么编制后的 HDB3 码与 AMI 码完全一样。当信息码流中连“0”数目等于或大于 4 时，将每 4 个连“0”编成一个组即取代节，可以是“000V”，也可以是“B00V ”，其中 B 和 V 可以为正极性也可以为负极性，具体编码规则如下：

(1)“0000”中的第四个“0”用 V 取代，V 是破坏脉冲(它破坏 B 码之间正负极性交替原则)，V 码的极性应该与其前方最后一个非“0”码的极性相同；

(2)“0000”中的第一个“0”可能是“0”，也可能是 B，当两个 V 之间的非“0”码个数为偶数时，则需要用“B00V”取代“0000”，其中 B 的极性与前方最后一个非“0”码的极性相反，V 的极性与 B 的极性相同；当两个 V 之间的非“0”码个数为奇数时，则需要用“000V”取代“0000”，V 码的极性应该与其前方最后一个非“0”码的极性相同。

码元序列　　1　0　0　1　0　1　1　0　0　0　0　　1　1 0　　1 0 0 0　0　　1

HDB_3(V+) −1　0　0 +1　0 −1 +1　B_- 0 0　V_- +1 −1 0 +1 0 0 0　V_+ −1

HDB3 码较综合地满足了对传输码型的各项要求，所以被大量应用于复接设备中，在 ΔM、PCM 等终端机中也采用 HDB3 码型变换电路作为接口码型。

HDB3

3. 数字双相码

数字双相码，又称分相码或称曼彻斯特码。它属于 1B2B 码，即在原二进制一个码元时隙内有两种电平，例如“1”码可以用“10”脉冲，“0”码用“01”脉冲表示。

码元序列 0　1　0　0　1　1　0　1　1　0　1　1

双相码　10　01　10　10　01　01　10　01　01　10　01　01

数字双相码的优点：在每个码元时隙的中心都有电平跳变，因而频谱中有定时分量，并且由于在一个码元时隙内的两种电平各占一半，所以不含直流成分。其缺点是传输速率增加了一倍，频带也展宽了一倍。

数字双相码主要用于局域网。

4. CMI 码

CMI 码是传号反转码的简称，也可归类于 1B2B 码，CMI 码将信息码流中的“1”码用交替出现的“11”、“00”表示；“0”码统统用“01”表示。

码元序列 0　1　0　0　1　1　0　1　1　0　1　1

CMI 码　01　11　01　01　00　11　01　00　11　01　00　11

CMI 码的优点除了与数字双相码一样外还具有在线错误检测功能，如果传输正确，则接收码流中出现的最大脉冲宽度是一个半码元时隙。因此 CMI 码以其优良性能被原 CCITT 建议作为 PCM 四次群的接口码型，它还是光纤通信中常用的线路传输码型。

3.4　数字基带传输码间串扰及其消除

3.4.1　基带传输中的码间串扰

所谓码间串扰，就是数字基带信号通过基带传输系统时，由于系统(主要是信道)传输特性不理想，或者由于信道中加性噪声的影响，使收端脉冲展宽，延伸到邻近码元中去，从而造成对邻近码元的干扰，我们将这种现象称为码间串扰。

图 3-4 示出了$\{a_n\}$序列中的单个“1”码，经过发送滤波器后，变成正的升余弦波形，见图中 $s(t)$。此波形经信道传输产生了延迟和失真，如图中 $s'(t)$所示，我们看到这个“1”码的拖尾延伸到了下一码元时隙内，并且抽样判决时刻也应向后推移至波形出现最高峰处(设为 t_1)。

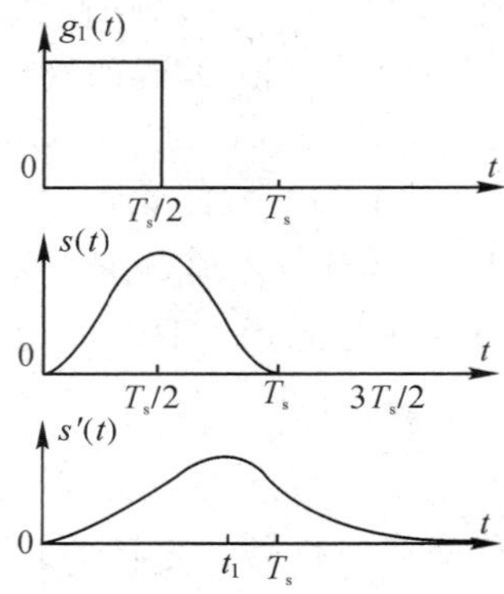

图 3-4　延迟和失真

假如传输的一组码元是 1110，采用双极性码，经发送滤波器后变为升余弦波形如图 3-5中 $s(t)$所示。经过信道后产生码间串扰，前 3 个“1”码的拖尾相继侵入到第 4 个“0”码的时隙中，如图中 $s'(t)$所示。接收端对第四个码元进行判决时，由于抽样值大于 0，因此会恢复成“1”码，导致误码产生。此误码的产生，主要是因为前三个码元波形在该码元抽样时刻上的叠加所致。

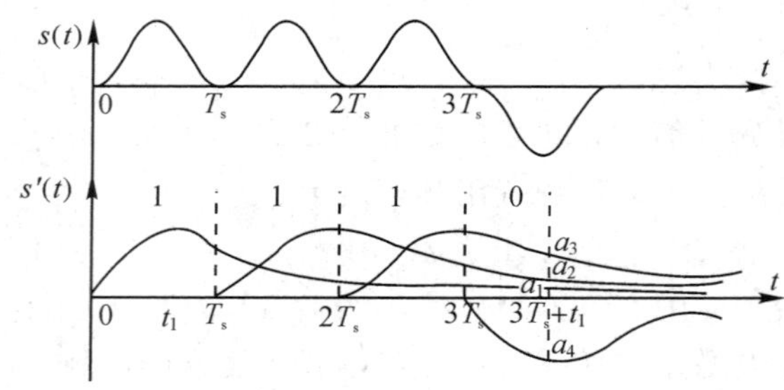

图 3-5　码间干扰示例

3.4.2　码间串扰的消除

1. 无码间串扰的时域条件分析

由于码间串扰主要是由于传输信道不理想及噪声的影响，使得传输波形发生展宽、拖尾导致的，因此，要想获得良好的基带传输系统，则必须最大限度地提高系统传输特性和减少噪声干扰的影响。在此，我们把基带传输系统模型作一简化，如图 3-6 所示。

无码间串扰的时域条件

图 3-6 中 $H(\omega)=G_T(\omega)C(\omega)G_R(\omega)$为传输函数，其中 $G_T(\omega)$、$C(\omega)$、$G_R(\omega)$分别

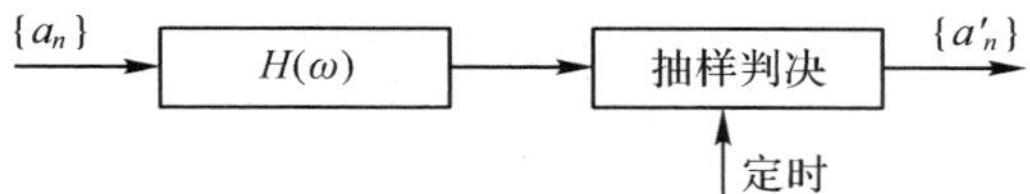

图 3-6　基带传输系统简化模型

为发送滤波器、信道、接收滤波器的传输特性。

该系统对应的单位冲激响应为

$$h(t)=\frac{1}{2\pi}\int_{-\infty}^{\infty}H(\omega)\mathrm{e}^{\mathrm{j}\omega t}\,\mathrm{d}\omega \tag{3-4}$$

假定$\{a_n\}$为输入符号序列，对于二进制信号，可将此信号表示为

$$d(t)=\sum_{n=-\infty}^{\infty}a_n\delta(t-nT_s) \tag{3-5}$$

接收滤波器输出信号 $y(t)$可表示为

$$y(t)=d(t)*h(t)+n_R(t)=\sum_{n=-\infty}^{\infty}a_nh(t-nT_s)+n_R(t) \tag{3-6}$$

式中，$n_R(t)$是加性噪声 $n(t)$经过接收滤波器后输出的窄带噪声。

抽样判决对 $y(t)$进行。设对第 k 个码元进行抽样判决，抽样判决时刻应在收到第 k 个码元的最大值时刻，设此时刻为 kT_s+t_0（t_0 是信道和接收滤波器所造成的延迟），把 $t=kT_s+t_0$ 代入，则有

$$\begin{aligned}y(kT_s+t_0)&=\sum_{n=-\infty}^{\infty}a_nh(kT_s+t_0-nT_s)+n_R(kT_s+t_0)\\&=\underbrace{\boxed{a_kh(t_0)}}_{①}+\underbrace{\boxed{\sum_{\substack{n=-\infty\\n\neq k}}^{\infty}a_nh(kT_s+t_0-nT_s)}}_{②}+\underbrace{\boxed{n_R(kT_s+t_0)}}_{③}\end{aligned} \tag{3-7}$$

该式中第①项是第 k 个码元本身产生的所需抽样值；第②项是除第 k 个码元以外的其他码元产生的不需要的串扰值，称为码间串扰；第③项是第 k 个码元抽样判决时刻噪声的瞬时值，是一个随机变量，也影响第 k 个码元的正确判决。

由此可知，要想消除码间串扰，只需第②项和第③项为 0，在不考虑信道噪声的情况下，只需满足

$$\sum_{\substack{n=-\infty\\n\neq k}}^{\infty}a_nh(kT_s+t_0-nT_s)=0 \tag{3-8}$$

但 a_n 是随机变化的，要想通过各项叠加互相抵消是不可能的，最好的办法就是让前一码元在后一码元抽样之前衰减到 0，如图 3-7(a)所示，但这样的波形在实际中不易实现，因此，考虑采用图 3-7(b)所示的这种波形，虽然在后一码元抽样之前未衰减为 0，但刚好处于它的过 0 点，正好能满足式(3-8)要求，这也是码间串扰消除的基本思想。

满足图 3-7(b)的系统冲激响应可表示为

$$h(kT_s)=\begin{cases}1, & k=0\\0, & k\ \text{为其他整数}\end{cases} \tag{3-9}$$

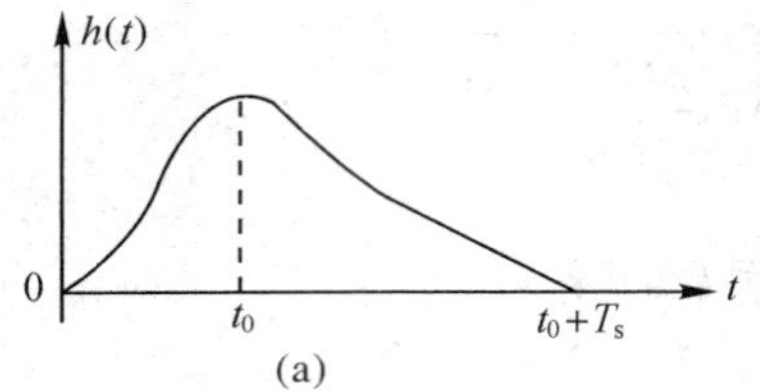

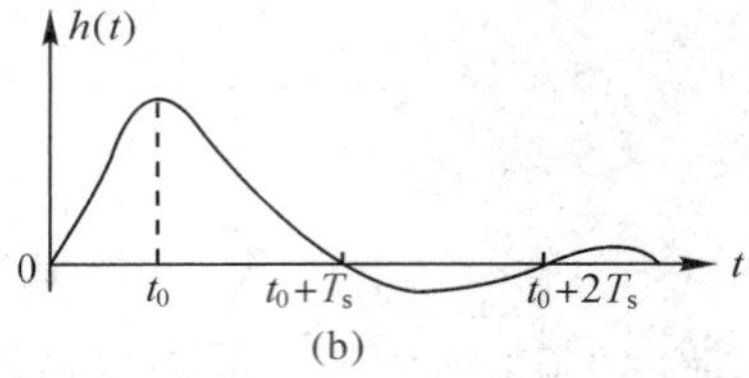

图 3－7　消除码间串扰的理想波形

即抽样时刻($k=0$ 点)除当前码元有抽样值之外，其他各抽样点上的取值均应为 0，因此，式(3－9)就是消除码间串扰的时域条件。

2. 无码间串扰的频域条件分析

根据信号与系统相关理论，可以知道

$$h(kT_s)=\frac{1}{2\pi}\int_{-\infty}^{\infty}H(\omega)e^{j\omega kT_s}d\omega \tag{3-10}$$

满足此式的 $H(\omega)$就是能实现无码间串扰的基带传输函数，即频域条件。

最简单的无码间串扰的基带传输函数是理想低通滤波器的传输特性，如式(3－11)所示。

$$H(\omega)=\begin{cases}Ke^{-j\omega t_0}, & |\omega|\leqslant\pi/T_s\\ 0, & |\omega|>\pi/T_s\end{cases} \tag{3-11}$$

式中，K 为常数，代表带内衰减。理想低通滤波器传输特性如图 3－8 所示。

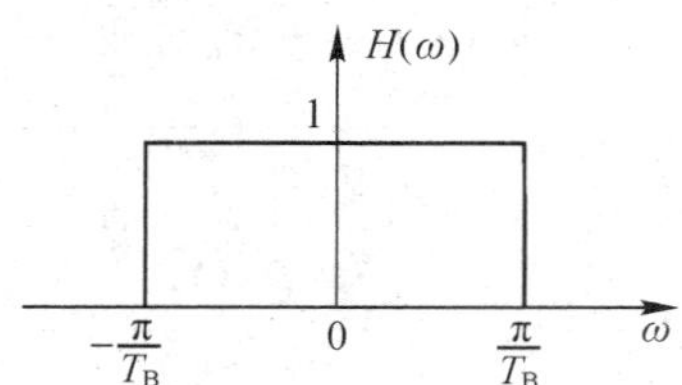

图 3－8　理想低通传输滤波器特性

此时，若用单位脉冲去激励该理想低通滤波器，则可得其输出响应波形，如图 3－9 所示。

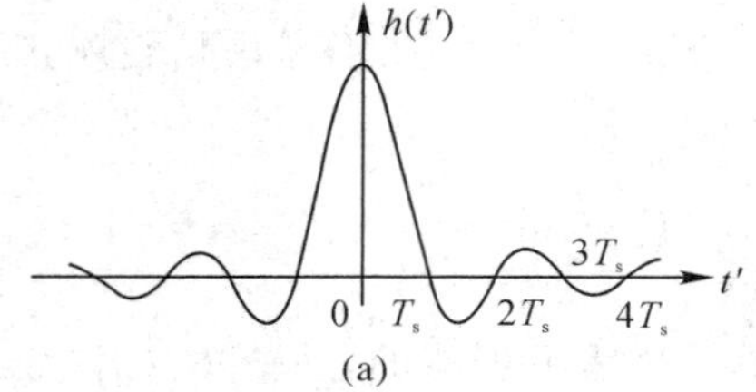

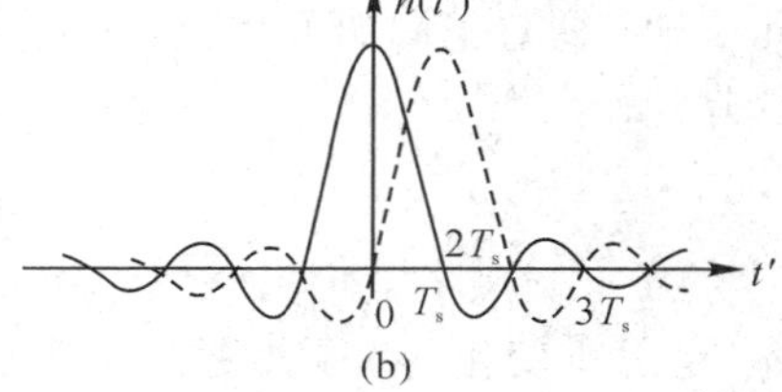

图 3－9　理想低通滤波器输出波形

可以看到在 t'轴上，抽样函数出现最大值的时间仍在坐标原点。如果传输一个脉冲串，那么在 $t'=0$ 有最大抽样值的这个码元在其他码元抽样时刻 $kT_s(k=0, \pm1, \pm2\cdots)$为 0，如图所示，说明它对其相邻码元的抽样值无干扰。这就是说，对于带宽为 $B_N=\omega/2\pi=\frac{\pi/T_s}{2\pi}=\frac{1}{2T_s}$ (Hz)的理想低通滤波器只要输入数据以 $R_B=\frac{1}{T_s}=2B_N$ 波特的速率传输，那么接收信号在各抽样点上就无码间串扰。反之，数据若以高于 $2B_N$ 波特的速率传输，则码间串扰不可避免。这是抽样值无失真条件，又叫奈奎斯特(Nyquist)第一准则。

1) 奈奎斯特(Nyquist)定理(奈奎斯特第一准则)

当基带传输系统具有理想低通滤波器特性时，以截止频率两倍的速率传输数字信号，使其能消除码间串扰。

$$R_B = 2f_c = \frac{1}{T_s}$$

2) 理想低通滤波器基带传输的特征参量

(1) 奈奎斯特带宽：

$$B_N = \frac{\omega}{2\pi} = \frac{\pi/T_s}{2\pi} = \frac{1}{2T_s} = \frac{f_s}{2} = \frac{R_B}{2}\ (\text{Hz})$$

(2) 奈奎斯特速率：

$$R_B = 2B_N = \frac{1}{T_s} = f_s = \frac{\omega_c}{\pi}$$

(3) 奈奎斯特间隔：

$$T_s = \frac{1}{R_B} = \frac{1}{2B_N}$$

(4) 无码间串扰的理想低通系统的频带利用率：

$$\eta = \frac{R_B}{B_N} = 2\ (\text{Bd/Hz})$$

符合理想低通的传输系统，虽然可以消除码间串扰，但是理想低通滤波器在实际中却是不可实现，主要在于理想低通滤波器存在以下缺点：

(1) 工程不易实现，滤波器截止特性不会做得很陡。

(2) 接收时对判断要求很严。

(3) 冲激响应衰减慢，拖尾长。

因此，为了寻找到具有类似效果的传输系统，考虑将理想低通滤波器的锐截止特性进行适当的“圆滑”，即可在物理上实现。如图 3－10 所示，这是一个具有升余弦滚降特性传递函数的低通滤波器。

图 3－10(a)图中的 α 称为滚降因子，为带宽的扩展量与奈奎斯特带宽 ω_c 之比。

$$\alpha = \frac{(\omega_c + \omega_\alpha) - \omega_c}{\omega_c} = \frac{\omega_\alpha}{\omega_c} \tag{3-12}$$

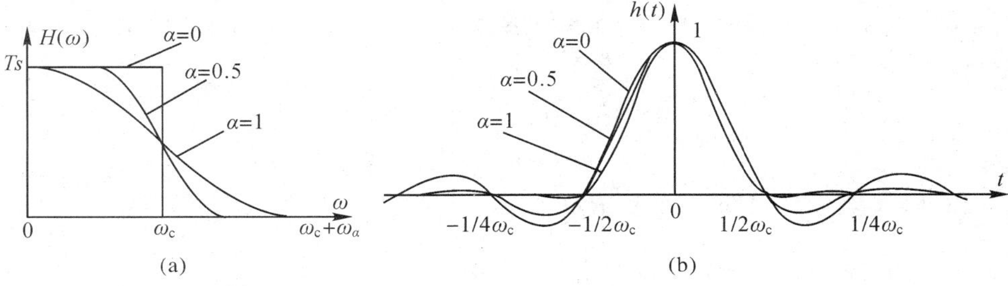

图 3－10　升余弦滚降特性波形

α 越大，抽样函数的拖尾振荡起伏越小、衰减越快。与理想低通相比，它付出的代价是带宽增加了一倍。此时系统的最高传码率虽然没变，但频带宽度已被扩展$B=(1+\alpha)B_N$，α 在 0～1 之间变化。

可见，图示具有升余弦滚降传输特性的滤波器满足奈氏第一准则，当 $\alpha=1$ 时，其带宽

$$B=(1+\alpha)B_N=2B_N=\frac{1}{T_s}\quad(\text{Hz})$$

传输速率

$$R_B=\frac{1}{T_s}\quad(\text{Bd})$$

频带利用率

$$\eta=\frac{2}{1+\alpha}=1\quad\text{Bd/Hz}$$

比理想低通滤波器的频带利用率低了一倍。

【例 3-1】 已知 $R_B=56\times10^3$kb/s，求基带传输时，取 $\alpha=0.25$、0.5 时所需实际信道带宽。

解 先求奈奎斯特带宽(频率)。因为

$$B_N=\frac{R_B}{2}=\frac{56\times10^3}{2}=28\text{ kHz}$$

$$\alpha=\frac{B-B_N}{B_N}$$

所以

$$B=(1+\alpha)B_N$$

$$B=(1+0.25)28=35\text{ kHz}$$

$$B=(1+0.5)28=42\text{ kHz}$$

3.5 基带传输系统的抗噪声性能

影响数据可靠传输的因素有两个：

(1) 码间串扰：理论上，当传输特性满足一定的条件时可消除。

(2) 信道噪声：即高斯白噪声，其时时刻刻存在于系统中，而且是不可消除的。它对传输数字信号的危害是引起误码。将“1”信号错判为“0”信号，或将“0”错判为“1”。

下面主要讨论基带传输系统的误码率。

设：二进制双极性信号在抽样时刻的电平取值为$+A$ 或$-A$(分别对应信码“1”或“0”)，则在一个码元持续时间内，抽样判决器输入端的(信号+噪声)波形 $x(t)$在抽样时刻的取值为

$$x(kT_s)=\begin{cases}A+n_R(kT_s)，发送“1”时\\-A+n_R(kT_s)，发送“0”时\end{cases}\tag{3-13}$$

根据式(3-13)，当发送“1”时，$A+nR(kT_s)$的一维概率密度函数为

$$f_1(x)=\frac{1}{\sqrt{2\pi}\sigma_n}\exp\left(-\frac{(x-4)^2}{2\sigma_n^2}\right)\tag{3-14}$$

当发送“0”时，$-A+n_R(kT_s)$的一维概率密度函数为

$$f_0(x)=\frac{1}{\sqrt{2\pi}\sigma_n}\exp\left(-\frac{(x-A)^2}{2\sigma_n^2}\right) \tag{3-15}$$

式(3－14)和式(3－15)的曲线如图 3－11 所示。

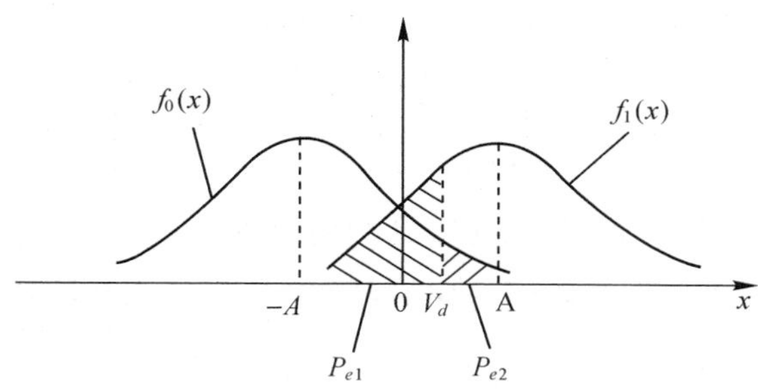

图 3－11　双极性噪声密度曲线

在 $-A$ 到 $+A$ 之间选择一个适当的电平 V_d 作为判决门限，根据判决规则将会出现以下几种情况：

$$对“1”码\begin{cases}当\ x>V_d & 判为“1”码(正确)\\ 当\ x<V_d & 判为“0”码(错误)\end{cases};$$

$$对“0”码\begin{cases}当\ x<V_d & 判为“0”码(正确)\\ 当\ x>V_d & 判为“1”码(错误)\end{cases}。$$

可见，有两种差错形式：发送的“1”码被判为“0”码；发送的“0”码被判为“1 ”码。下面分别计算出现这两种差错概率。

发“1”错判为“0”的概率 $P(0/1)$ 为

$$\begin{aligned}P(0/1)=P(x<V_d)&=\int_{-\infty}^{V_d}f_1(x)\mathrm{d}x=\int_{-\infty}^{V_d}\frac{1}{\sqrt{2\pi}\sigma_n}\exp\left(\frac{-(x+A)^2}{2\sigma_n^2}\right)\mathrm{d}x\\&=\frac{1}{2}+\frac{1}{2}\mathrm{erf}\left(\frac{V_d-A}{\sqrt{2}\sigma_n}\right)\end{aligned}$$

发“0”错判为“1”的概率 P(1/0)为

$$\begin{aligned}P(1/0)=P(x>V_d)&=\int_{V_d}^{\infty}f_0(x)\mathrm{d}x=\int_{V_d}^{\infty}\frac{1}{\sqrt{2\pi}\sigma_n}\exp\left(-\frac{(x+A)^2}{2\sigma_n^2}\right)\mathrm{d}x\\&=\frac{1}{2}-\frac{1}{2}\mathrm{erf}\left(\frac{V_d+A}{\sqrt{2}\sigma_n}\right)\end{aligned}$$

它们分别如图 3－11 中的阴影部分所示。

假设信源发送“1”码的概率为 $P(1)$，发送“0”码的概率为 $P(0)$，总误码率为

$$P_e=P(1)P(0/1)+P(0)P(1/0)$$

将前面求出的 $P(0/1)$ 和 $P(1/0)$ 代入上式，可以看出，误码率与发送概率 $P(1)$、$P(0)$，信号的峰值 A，噪声功率 σ_n^2 以及判决门限电平 V_d 有关。

因此，在 $P(1)$、$P(0)$ 给定时，误码率最终由 A、σ_n^2 和判决门限 V_d 决定。

在 A 和 σ_n^2 一定条件下，可以找到一个使误码率最小的判决门限电平，该电平称为最佳门限电平。若令

$$\frac{\partial P_e}{\partial V_d}=0$$

则可求得最佳门限电平

$$V_d^* = \frac{\sigma_n^2}{2A}\ln\frac{P(0)}{P(1)}$$

若 $P(1)=P(0)=1/2$，这时，基带传输系统总误码率为

$$P_e = P(1)P(0/1) + P(0)P(1/0)$$

$$P_e = \frac{1}{2}[P(0/1) + P(1/0)] = \frac{1}{2}\left[1 - \mathrm{erf}\left(\frac{A}{\sqrt{2}\sigma_n}\right)\right] = \frac{1}{2}\mathrm{erfc}\left(\frac{A}{\sqrt{2}\sigma_n}\right)$$

由上式可见，在发送概率相等，且在最佳门限电平下，双极性基带系统的总误码率仅依赖于信号峰值 A 与噪声均方根值 σ_n 的比值，而与采用什么样的信号形式无关。且比值 A/σ_n 越大，P_e 就越小。

3.6 眼　　图

一个实际的数字基带传输系统，是不可能完全消除码间串扰的，尤其是在信道不可能完全确知的情况下，要计算误码率非常困难。评价系统性能的实用方法是分析眼图，即利用示波器观察接收信号波形的质量。

1. 眼图分析法

定义：用示波器观察二进制脉冲时，在示波器上可观察到的波形类似于人的眼睛，故称为眼图。

2. 观察方法

将示波器的水平扫描周期调整为所接收脉冲序列码元间隔 T_s 的整数倍，从示波器的 Y 轴输入接收码元序列，在荧光屏上就可以看到由码元重叠而产生的类似人眼的图形。由于荧光屏的余辉作用，呈现的图形是若干个码元重叠后的图案。只要示波器扫描频率和信号同步，不存在码间串扰和噪声时，每次重叠上去的迹线都会和原来的重合，这时的迹线既细又清晰，如图 3-12(c)所示；若存在码间串扰，序列波形变坏，就会造成眼图迹线杂乱，眼皮厚重，甚至部分闭合，如图 3-12(d)所示。

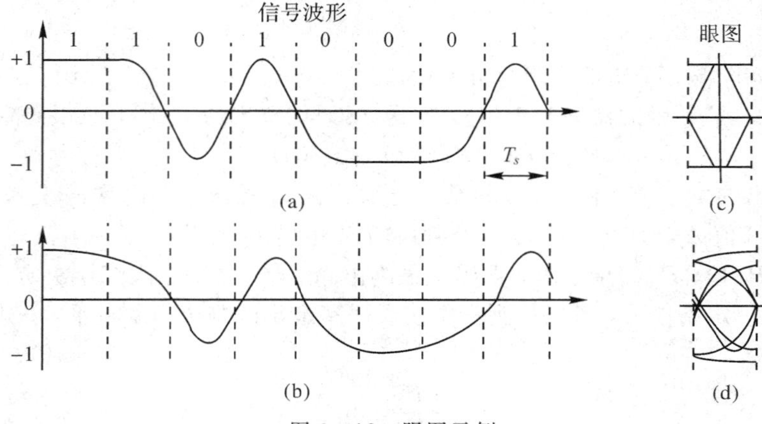

图 3-12　眼图示例

3. 眼图的功能

(1) 能够观察码间串扰和噪声对系统的影响；

(2) 估价一个基带传输系统的优劣；

(3) 用眼图调整时域均衡器的特性。

4. 眼图中反映系统的各项指标

为了进一步说明眼图和系统性能之间的关系，我们把眼图简化成一个模型，如图 3－13所示。

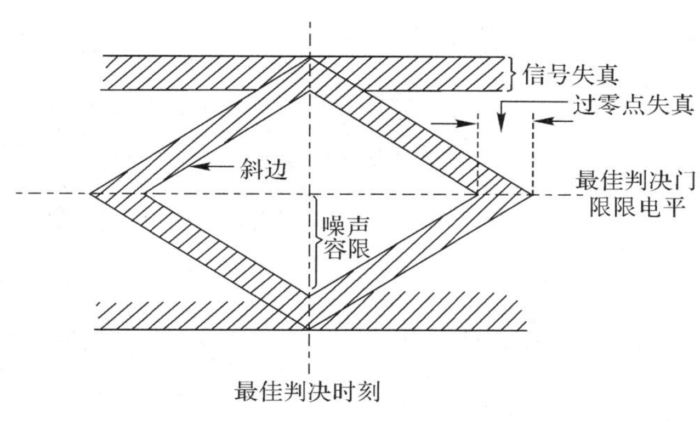

图 3－13　眼图模型

(1) 最佳抽样判决时刻对应于眼睛张开最大的时刻；

(2) 判决门限电平对应于眼图的横轴；

(3) 最大信号失真量即信号畸变范围用眼皮厚度(图中上下阴影的垂直厚度)表示；

(4) 噪声容限是用信号电平减去眼皮厚度，它体现了系统的抗噪声能力；

(5) 过零点畸变为压在横轴上的阴影长度，它会影响系统的定时标准(有些接收机的定时标准是由经过判决门限点的平均位置决定的)；

(6) 对定时误差的灵敏度由斜边的斜率表示，斜率越大灵敏度越高，对系统的影响越大。

总之，掌握了眼图的各个指标后，在利用均衡器对接收信号波形进行均衡处理时，只需观察眼图就可以判断均衡效果，确定信号传输的基本质量。

眼图的形成原理

数字基带信号是由消息转换过来的原始信号，其频谱一般从零开始，包含丰富的低频分量。直接对数字基带信号进行传输的系统称为数字基带传输系统。基带信号波形有单极性不归零波形、单极性归零波形、双极性不归零波形、双极性归零波形、伪三元信号波形和差分波形。数字基带信号的码型有二元码、曼彻斯特码、CMI 码、AMI、HDB3 和多元码等。

根据数字序列的功率谱，信号的频带宽度与脉冲宽度有关，通常以谱的第一个零点作为矩形脉冲频谱的近似带宽，它等于时域脉宽 τ 的倒数，脉冲宽度越窄，信号所占据的频带宽度就越宽。

码元通过理想低通滤波器无码间串扰的条件(奈氏第一准则)：若系统等效网络具有理想低通特性，且截止频率为 f_N 时，则该系统中允许的最高码元(符号)速率为 $2f_N$，这时系统输出波形在峰值点上不产生前后符号干扰。

为了改善理想低通滤波器接收波形的拖尾现象，采用了具有滚降特性的低通特性。

眼图是利用实验手段估计系统性能的一种方法。当眼图清晰并张开较大时，无码间串扰或码间串扰很小，反之则有较大的码间串扰或噪声影响；时域均衡是从系统时域脉冲响应出发，消除取样判决点时刻的干扰为基础的。

一、填空题

1. 差分码是用差分序列的前后码元电位________(相同，不相同)来代表要传送的原信号码元。

2. 根据奈氏第一准则，系统等效网络具有理想低通特性，且截止频率为 f_N 时，则该系统中允许的最高码元速率为_______，这时系统输出波形在_______上不产生前后符号干扰。

3. 数字信号基带传输系统中，常用示波器对信号进行观察得到眼图。眼图的“眼睛”张开的越大，表示________越小。

二、简答题

1. 什么是基带信号？基带信号常用的波形有哪些？

2. 基带线路码型的要求有哪些？为什么？

3. 试比较 AMI 和 HDB3 码的主要优缺点。

4. 某二进制码元序列如下，试将其转换为 AMI 码、CMI 码及 HDB3 码。

码元序列：0101001100001011100010011000001 1

5. 某二进制码元序列为 10110110，试以矩形脉冲为例，画出其对应的单极性、双极性、差分波形。

6. 简单描述奈奎斯特第一准则。

7. 什么是码间串扰？产生码间串扰的原因有哪些？

8. 什么是眼图？眼图的作用有哪些？

9. 一理想低通特性传输 PCM30/32 路基带信号时所需带宽是多少？如果采用滚降 $\alpha=0.5$ 的传输系统时，需要带宽为多少？

10. 基带传输系统由哪些部分组成？

第 4 章

数字信号的频带传输

学习目标

1. 掌握抑制载频的双边带 ASK 信号和它们的功率谱密度；
2. 掌握二相和四相 PSK 信号、DPSK 信号和它们功率谱密度；
3. 理解 FSK 的信号调制解调和 MSK 信号；
4. 了解数字调幅调相的概念。

学习重点

1. 2ASK 的产生及解调和功率谱；
2. 2PSK、2DPSK 的调制与解调；
3. 2FSK 的产生及解调和 MSK 信号。

学习难点

1. 2ASK 信号、2FSK 信号、2PSK 信号和 2DPAK 信号的解调；
2. 2DPSK 和 MDPSK 信号调制波形。

课前预习相关内容

低通滤波电路。

与模拟通信相似，要使某一数字信号在带限信道中传输，就必须用数字信号对载波进行调制。对于大多数的数字传输系统来说，由于数字基带信号往往具有丰富的低频成分，而实际的通信信道又具有带通特性，因此，必须用数字信号来调制某一较高频率的正弦或脉冲载波，使已调信号能通过带限信道传输。这种用基带数字信号控制高频载波，把基带数字信号变换为频带数字信号的过程称为数字调制。那么，已调信号通过信道传输到接收端，在接收端通过解调器把频带数字信号还原成基带数字信号，这种数字信号的反变换称为数字解调。通常，我们把数字的调制与解调合起来称为数字调制，把包括调制和解调过程的传输系统称做数字信号的频带传输系统。

4.1 数字频带传输

在大多数的数字通信系统中，通常选择正弦波信号为载波，这一点与模拟调制没有什么本质的差异，它们均属于正弦波调制。然而数字调制与模拟调制又有不同点，其不同点在于模拟调制需要对载波信号的参量连续进行调制，在接收端需要对载波信号的已调参量连续进行估值；而在数字调制中则可用载波信号参量的某些离散状态来表征所传输的信息，在接收端也只要对载波信号的调制参量有限个离散值进行判决，以便恢复出原始信号。

一般来说，数字调制技术可分为两种类型：(1) 利用模拟方法去实现数字调制，即把数字基带信号当作模拟信号的特殊情况来处理；(2) 利用数字信号的离散取值特点键控载波，从而实现数字调制。第(2)种技术通常称为键控法，比如对载波的振幅、频率及相位进行键控，便可获得振幅键控(ASK)、频移键控(FSK)及相移键控(PSK)调制方式。键控法一般由数字电路来实现，它具有调制变换速率快，调整测试方便，体积小和设备可靠性高等特点。

在数字调制中，所选择参量可能变化状态数应与信息元数相对应。数字信息有二进制和多进制之分，因此，数字调制可分为二进制调制和多进制调制两种。在二进制调制中，信号参量只有两种可能取值；而在多进制调制中，信号参量可能有 $M(M>2)$种取值。一般而言，在码元速率一定的情况下，M 取值越大，则信息传输速率越高，但其抗干扰性能也越差。在数字调制中，根据已调信号的结构形式又可分为线性调制和非线性调制两种。在线性调制中，已调信号表示为基带信号与载波信号的乘积，已调信号的频谱结构和基带信号的频谱结构相同，只不过搬移了一个频率位置；在非线性调制中，已调信号的频谱结构和基带信号的频谱结构不相同，因为这时的已调信号通常不能简单地表示为基带信号与载波信号的乘积关系，其频谱不是简单的频谱搬移。

频带传输系统可以通过图 4-1 来描述。由图可见，原始数字序列经基带信号形成器后变成适合于信道传输的基带信号 $s(t)$，然后送到键控器来控制射频载波的振幅、频率或相位，形成数字调制信号，并送至信道。在信道中传输的还有各种干扰，接收滤波器把叠加在干扰和噪声中的有用信号提取出来，并经过相应的解调器，恢复出数字基带信号 $s'(t)$ 或数字序列。

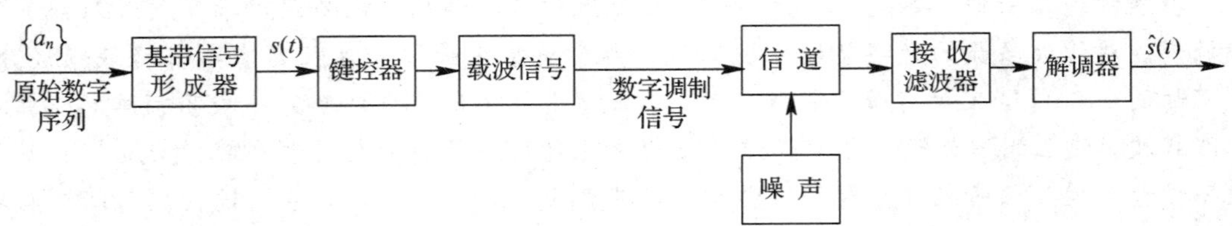

图 4-1　频带传输系统方框图

4.2　数字振幅调制

由于数字通信具有建网灵活，容易采用数字差错控制技术和数字加密，便于集成化，并能够进入 ISDN，所以数字调制技术广泛应用在现代通信系统中。

数字调制用数字基带信号改变正弦型载波的幅度、频率或相位中的某一个参数，产生相应的数字振幅调制、数字频率调制和数字相位调制。随着数字通信技术发展的需要，也可以用数字基带信号去改变正弦型载波的幅度、频率或相位中的某几个参数，产生新型的数字调制技术。

数字调制技术一般分为两种类型：一是将数字基带信号当作模拟信号的特殊情况处理，就可用模拟方法去实现数字调制；二是利用数字信号的离散取值特点键控载波，从而实现数字调制，这种方法称为键控法。

所谓“键控”是指一种如同“开关”控制的调制方式。比如对于二进制数字信号，由于调制信号只有两个状态，调制后的载波参量也只能具有两个取值，其调制过程就像用调制信号去控制一个开关，从两个具有不同参量的载波中选择相应的载波输出，从而形成已调信号。“键控”就是这种数字调制方式的形象描述。

与模拟调制中的幅度调制、频率调制和相位调制相对应，数字调制也分为三种基本方式：幅度键控（ASK）、频移键控（FSK）和相移键控（PSK）。

4.2.1　一般原理与实现方法

二进制数字振幅键控（ZASK）是一种古老的调制方式，也是各种数字调制的基础。振幅键控（也称幅移键控），记作 ASK（Amplitude Shift Keying），或称其为开关键控（通断键控），记作 OOK（On Off Keying）。

对于振幅键控这样的线性调制来说，在二进制里，2ASK 是利用代表数字信息“0”或“1”的基带矩形脉冲去键控一个连续的载波，使载波时断时续地输出。有载波输出时表示发送“1”，无载波输出时表示发送“0”。根据线性调制的原理，一个二进制的振幅键控信号可以表示一个单极性矩形脉冲序列与一个正弦型载波的相乘，即

$$e_0(t)=\left[\Sigma_n a_n g(t-nT_s)\right]\cos\omega_c t \tag{4-1}$$

式中，$g(t)$是持续时间为 T_s 的矩形脉冲，ω_c 为载波频率，a_n 为二进制数字。

$$a_n=\begin{cases}1, & \text{出现概率为 } P\\ 0, & \text{出现概率为 } 1-P\end{cases} \tag{4-2}$$

若令

$$s(t)=\Sigma_n a_n g(t-nT_s) \tag{4-3}$$

则式(4-1)变为

$$e_0(t)=s(t)\cos\omega_c t \tag{4-4}$$

图 4-2 中，基带信号形成器把数字序列$\{a_n\}$转换成所需的单极性基带矩形脉冲序列 $s(t)$，

$s(t)$与载波相乘后即把$s(t)$的频谱搬移到$\pm f_c$附近，实现了2ASK。带通滤波器滤出所需的已调信号，防止带外辐射影响邻台。

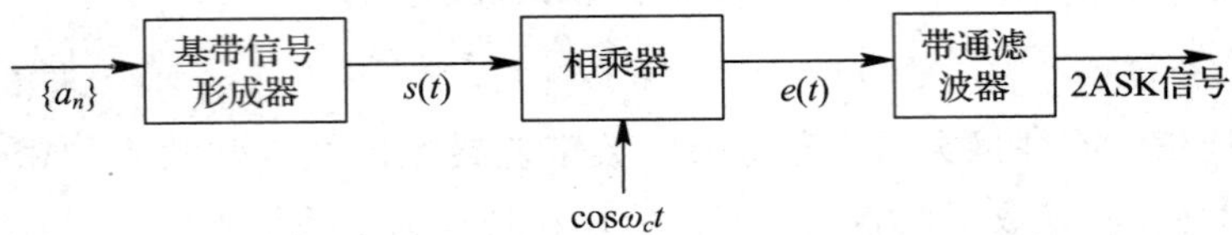

图 4-2　数字线性调制方框图

2ASK 信号之所以称为 OOK 信号，这是因为振幅键控的实现可以用开关电路来完成，开关电路以数字基带信号为门脉冲来选通载波信号，从而在开关电路输出端得到 2ASK 信号。实现 2ASK 信号的模型框图及波形如图 4-3 所示。

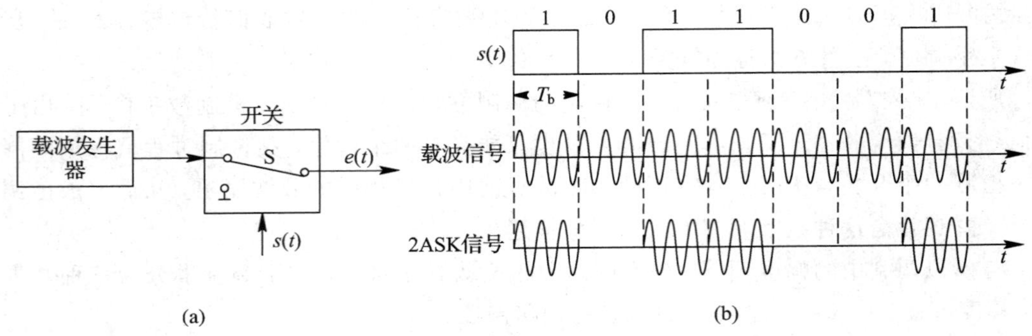

图 4-3　2ASK 信号的模型框图及波形

实现 2ASK 信号的具体电路很多，这里仅介绍几种典型电路。

桥式调制器如图 4-4 所示。此电路由 4 个二极管 V_1、V_2、V_3、V_4 构成一电桥并接在变压器两端。当基带脉冲为正时，4 个二极管处于导通状态，载波旁路输出端变压器没有载波电路流过；当基带脉冲为负时，4 个二极管截止，有载波电流流经输出变压器，于是有一定幅度的信号 $A\cos(\omega_c t+\phi)$输出。

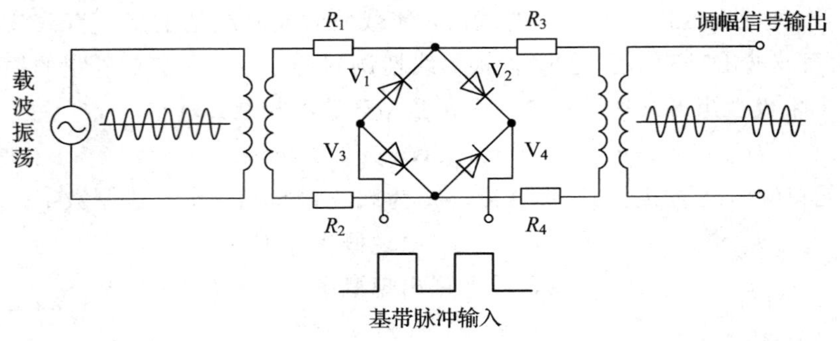

图 4-4　桥式调制器

简单的三极管调幅器如图 4-5 所示。基带脉冲信号加在三极管的集电极上，载波信号加在三极管的基极上。当基带脉冲为正时，三极管导通，有信号 $A\cos(\omega_c t+\phi)$输出；当基带信号为负时，三极管截止，无信号输出，从而可获得开关键控信号。

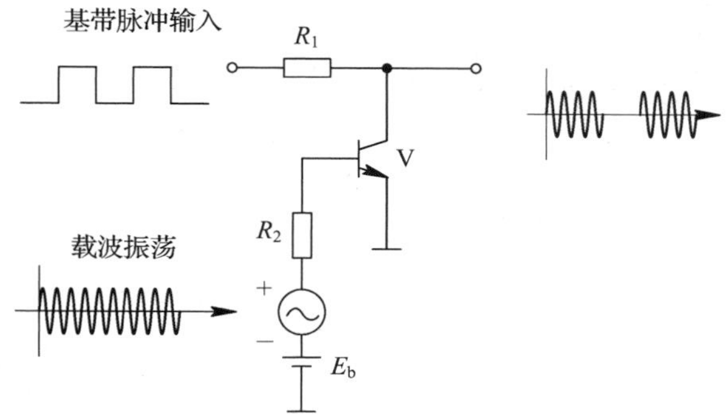

图 4-5　简单的三极管调幅器

以数字电路为主实现 2ASK 信号的电路如图 4-6 所示。电路原理请读者自行分析，并画出图中 a、b、c、d、e 各点波形。

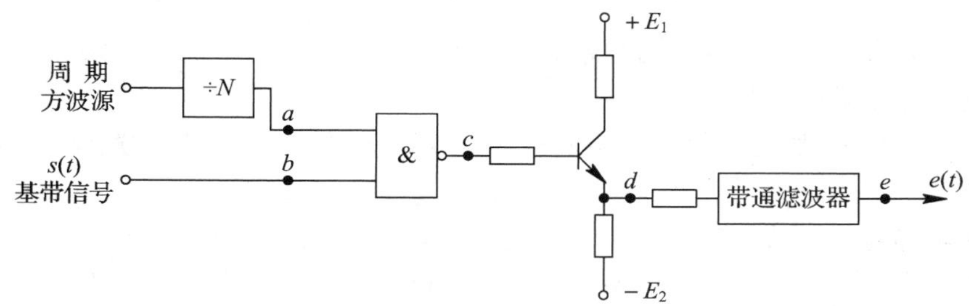

图 4-6　实现 2ASK 信号的电路

4.2.2　2ASK 信号的功率谱及带宽

2ASK 调制

对于 2ASK 信号，若 $P_e(f)$为 $e(t)$的功率谱密度，$P_s(f)$为已调信号 $S(t)$的双边功率谱密度，则有

$$P_s(f)=0.25[P_e(f+f_c)+P_e(f-f_c)] \tag{4-5}$$

若数字基带信号为 1 和 0 等概率出现的单极性矩形随机脉冲序列(码元间隔为 T_b 时)，有

$$P_s(f)=\frac{t_b}{16}\{Sa^2[\pi(f+f_c)T_b]+Sa^2[\pi(f-f_c)T_b]\}+\frac{1}{16}[\delta(f+f_c)+\delta(f-f_c)] \tag{4-6}$$

由式(4-6)可画出 2ASK 信号功率谱示意图，如图 4-7 所示。

2ASK 的功率谱由连续谱和离散谱组成。连续谱取决于单个矩形脉冲经线性调制后的双边带谱，而离散谱则由载波分量确定。

2ASK 信号的带宽

$$B=2f_b=\frac{2}{T_b} \tag{4-7}$$

ASK 系统的频带利用率

$$\eta=\frac{R_b}{B}=\frac{1/T_b}{2/T_b}=\frac{1}{2}\ \text{Bd/Hz} \tag{4-8}$$

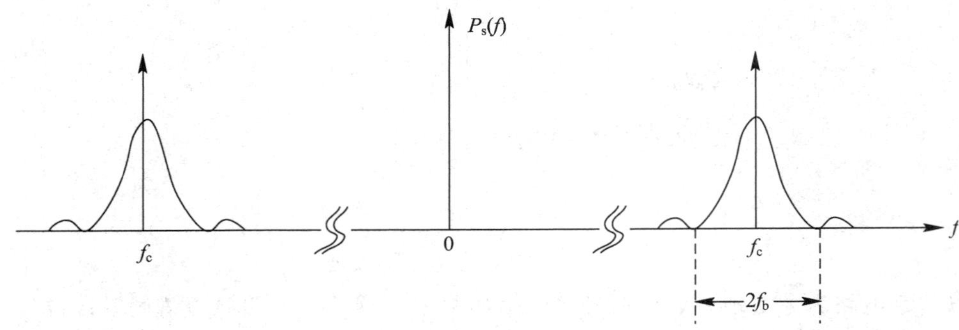

图 4-7　2ASK 信号功率谱示意图

由此可见，这种 2ASK 调幅的频带利用率低，即在给定信道带宽的条件下，它的单位频带内所能传送的数码率较低。

从图 4-7 可知，如已调信号的功率谱中不含有 f_c 的载波频率分量，称为抑制载频的双边带调制。

二进制幅移键控方式在数字调制中出现较早，主要优点是易于实现，但其缺点是抗干扰能力不强，功率利用率和频带利用率较低，所以主要应用在低速数据传输中或者与其他调制方式结合应用。

2ASK 相干解调

4.2.3　2ASK 信号的解调

2ASK 信号的解调具体方法主要有两种：非相干解调法和相干解调法。

1. 非相干解调法

包络检波法是常用的一种非相干解调的方法，包络检波器往往是半波或者全波整流器，整流后通过低通滤波器滤波(平滑)，即可获得原来基带信号 $e(t)$。2ASK 信号的包络解调与 AM 信号的解调有相似之处，但不同的是 2ASK 信号解调在低通滤波器后增加抽样判决器和定时脉冲，这样才能将信号恢复为数字信号并提高接收机的性能，如图 4-8 (a)所示。

2. 相干解调法

相干解调又称同步解调，要实现相干解调，在接收端要有一个与发送端载波同频同相的载波信号，称为同步载波或相干载波。通过相乘器(即解调器)解调出原基带信号，然后通过低通滤波器即可滤出基带信号，如图 4-8 所示。由于相干解调需要在接收端产生一个本地的相干载波，设备复杂，因此在 2ASK 系统中很少使用。

从图 4-8 可知，由乘法器输出的信号

$$x(t)=S_{\text{ASK}}(t)\cos\omega_c t=e(t)\cos^2\omega_c t=\frac{1}{2}\left[e(t)+e(t)\cos 2\omega_c t\right] \tag{4-9}$$

式中，第一项是基带信号，第二项是以 $2\omega_c$ 为载波的成分，两者频谱相差很远。

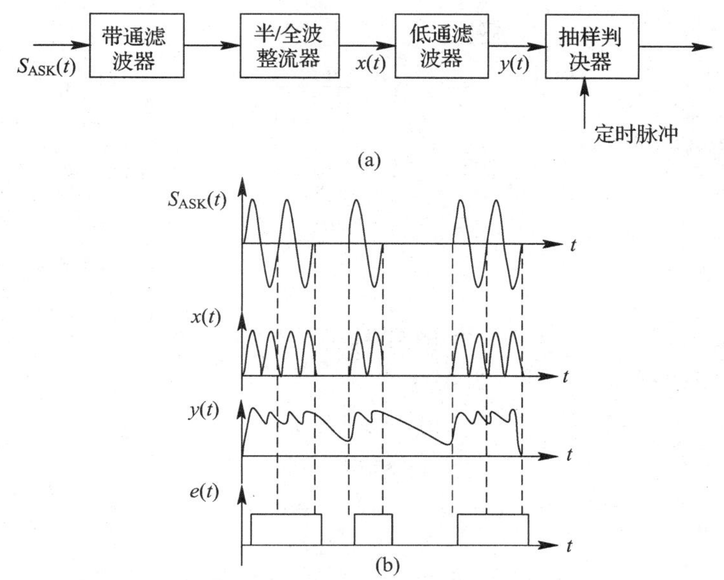

图 4-8　非相干解调原理框图及波形

经低通滤波后，即可输出 $e(t)/2$ 信号。由于噪声影响及传输特性的不理想，低通滤波器输出波形有失真，经抽样判决、整形后再成为数字基带脉冲。

4.3　数字频率调制

4.3.1　一般原理与实现方法

数字频率调制又称频移键控，记作 FSK(Frequency Shift Keying)，二进制频移键控记作 2FSK。数字频移键控是用载波的频率来传送数字消息的，即用所传送的数字消息控制载波的频率。由于数字消息只有有限个取值，相应地，作为已调的 FSK 信号的频率也只能有有限个取值。那么，2FSK 信号便是符号“1”对应于载频 ω_1，而符号“0”对应于载频 ω_2(与 ω_1 不同的另一载频)的已调波形，而且 ω_1 与 ω_2 之间的改变是瞬间完成的。从原理上讲，数字调频可用模拟调频法来实现，也可用键控法来实现，后者较为方便。

2FSK 键控法就是利用受矩形脉冲序列控制的开关电路对两个不同的独立频率源进行选通的。图 4-9 是 2FSK 信号的原理方框图及波形图。图中 $s(t)$ 为代表信息的二进制矩形脉冲序列，$e_0(t)$ 即是 2FSK 信号。注意到相邻两个振荡波形的相位可能是连续的，也可能是不连续的。因此，有相位连续的 FSK 及相位不连续的 FSK 之分，并分别记作 CPFSK(Continuous Phase FSK)和 DPFSK(Discrete Phase FSK)。

根据以上对 2FSK 信号的产生原理的分析，已调信号的数字表达式可以表示为

$$e_0(t)=\left[\Sigma_n a_n g(t-nT_s)\cos(\omega_1 t+\phi_n)\right]+\left[\Sigma_n \bar{a}_n g(t-nT_s)\cos(\omega_2 t+\theta_n)\right] \tag{4-10}$$

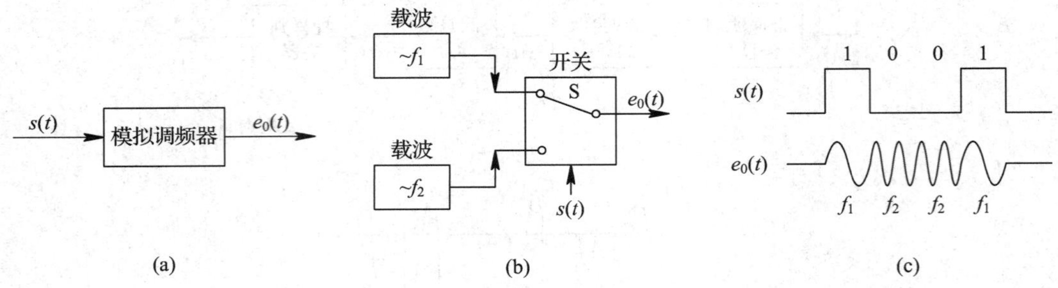

图 4-9　2FSK 信号的原理方框图及波形

式中，$g(t)$为单个矩形脉冲，脉宽为 T_s：

$$a_n=\begin{cases}0,\ 概率为\ P\\1,\ 概率为(1-P)\end{cases}\tag{4-11}$$

$\overline{a}_n$ 是 a_n 的反码，若 $a_n=0$，则$\overline{a}_n=1$；若 $a_n=1$，则 $\overline{a}_n=0$，于是

$$\overline{a}_n=\begin{cases}0,\ 概率为(1-P)\\1,\ 概率为\ P\end{cases}\tag{4-12}$$

ϕ_n、θ_n 分别是第 n 个信号码元的初相位。

一般来说，键控法得到的 ϕ_n、θ_n 与序号n 无关，反映在 $e_0(t)$上，仅表现出当 ω_1 与 ω_2 改变时其相位是不连续的；而用模拟调频法时，由于 ω_1 与 ω_2 改变时 $e_0(t)$的相位是连续的，故 ϕ_n、θ_n 不仅与第 n 个信号码元有关，而且 ϕ_n 与 θ_n 之间也应保持一定的关系。

1. 直接调频法(相位连续 2FSK 信号的产生)

用数字基带矩形脉冲控制一个振荡器的某些参数，直接改变振荡频率，使输出得到不同频率的已调信号。用此方法产生的 2FSK 信号对应着两个频率的载波，在码元转换时刻，两个载波相位能够保持连续，所以称其为相位连续的 2FSK 信号。

图 4-10(a)、(b)分别给出了输出为正弦波和方波的直接调频法产生 2FSK 信号的模拟电路原理图。

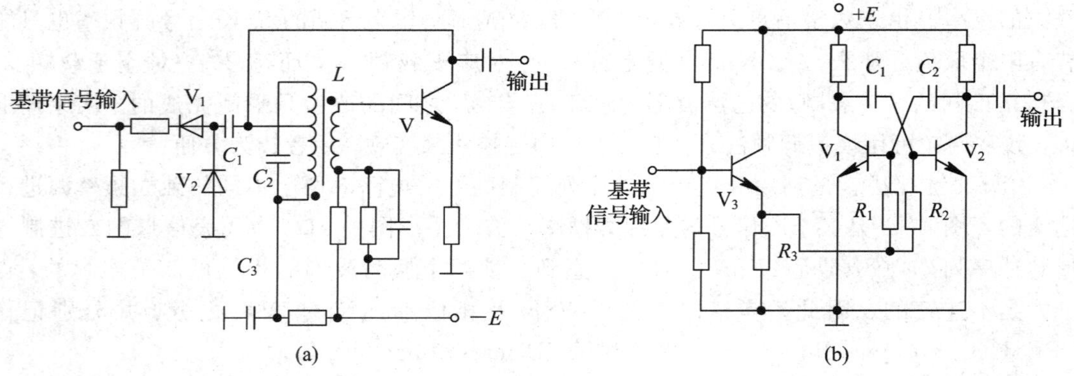

图 4-10　直接调频法产生 2FSK 信号模拟电路原理图

2. 频率键控法(相位不连续 2FSK 信号的产生)

如果在两个码元转换时刻，前后码元的相位不连续，则称这种类型的信号为相位不连续的 2FSK 信号。频率键控法又称为频率转换法，它采用数字矩形脉冲控制电子开关，使电子开关在两个独立的振荡器之间进行转换，从而在输出端得到不同频率的已调信号。其原理框图及各点波形如图 4-11(a)所示。

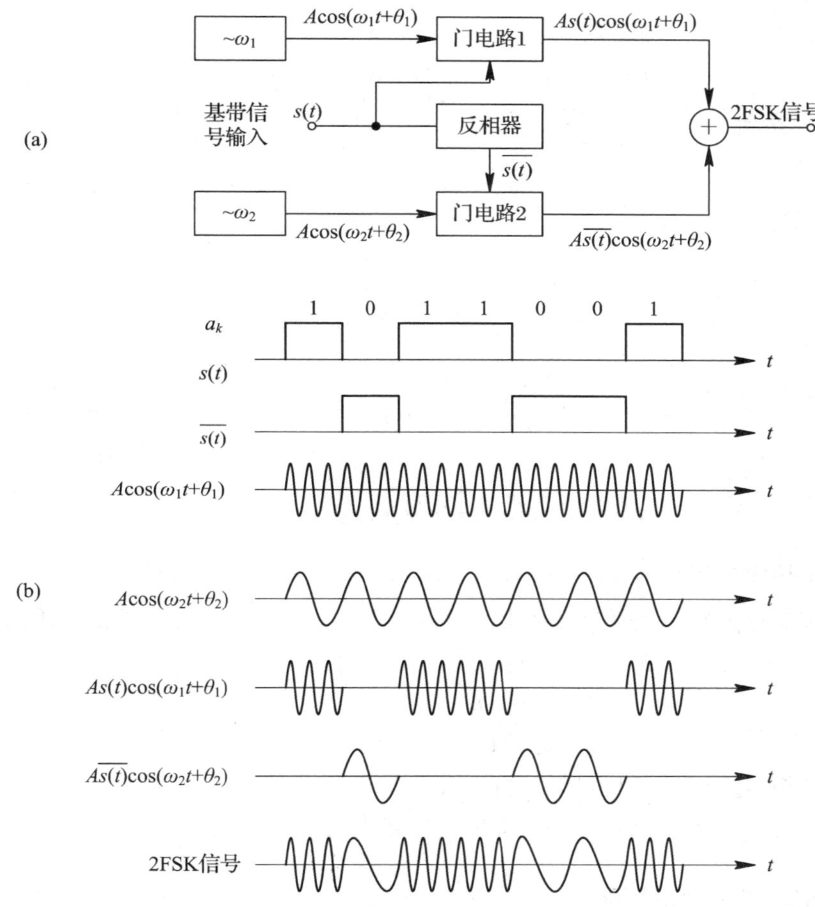

图 4-11　相位不连续的 2FSK 信号的产生和各点波形

由图 4-11 可知，数字信号为“1”时，正脉冲使门电路 1 接通，门电路 2 断开，输出频率为 f_1；数字信号为“0”时，门电路 1 断开，门电路 2 接通，输出频率为 f_2。如果产生 f_1 和 f_2 的两个振荡器是独立的，则输出的 2FSK 信号的相位是不连续的。这种方法的特点是转换速度快，波形好，频率稳定度高，电路不甚复杂，故得到广泛应用。

4.3.2　2FSK 信号的功率谱及带宽

2FSK 产生

由前面对相位不连续的 2FSK 信号产生原理的分析，可视其为两个 2ASK 信号的叠加，其中一个载波为 f_1，另一个载波为 f_2。因此，对相位不连续的 2FSK 信号的功率谱就可像 2ASK 那样，分别在频率轴上搬移然后再叠加。

其功率谱曲线如图 4－12 所示，由图可见：

(1) 相位不连续 2FSK 信号的功率谱与 2ASK 信号的功率谱相似，同样由离散谱和连续谱两部分组成。其中，连续谱与 2ASK 信号的相同，而离散谱是位于 $\pm f_1$、$\pm f_2$ 处的两对冲击，这表明 2FSK 信号中含有载波 f_1、f_2 的分量。

(2) 若仅计算 2FSK 信号功率谱第一个零点之间的频率间隔，则该 2FSK 信号的频带宽度为

$$B_{2FSK}=|f_2-f_1|+2R_B=(2+h)R_B \tag{4-13}$$

式中，$R_B=f_b$ 是基带信号的带宽；$h=|f_2-f_1|/R_B$ 为偏移率(调制指数)。

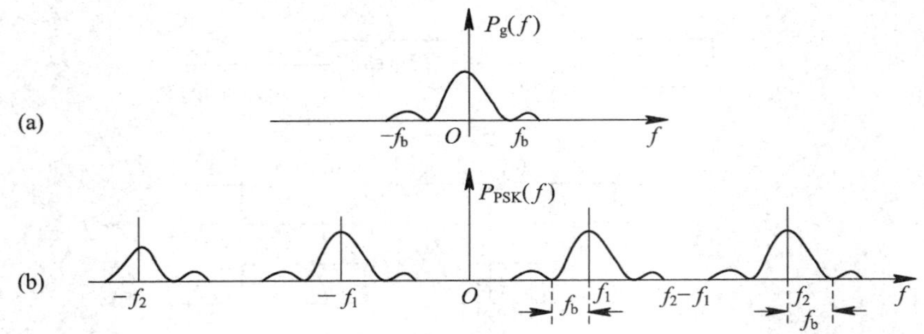

图 4－12 相位不连续的 2FSK 信号的功率谱

为了便于接收端解调，要求 2FSK 信号的两个频率 f_1 与 f_2 间要有足够的间隔。对于采用带通滤波器作分路的解调方法，通常取 $|f_2-f_1|=(3\sim5)R_B$。于是，2FSK 信号的带宽为 $B_{2FSK}\approx(5\sim7)R_B$。相应地，这时 2FSK 系统的频带利用率为

$$r=\frac{f_b}{B_{2FSK}}=\frac{R_B}{B_{2FSK}}=\frac{1}{(5\sim7)}\quad \text{Bd/Hz} \tag{4-14}$$

将上述结果与 2ASK 相比可知，当用普通带通滤波器作为分路滤波器时，2FSK 信号的带宽约为 2ASK 信号带宽的 3 倍，系统频带利用率只有 2ASK 系统的 1/3 左右。

4.3.3 2FSK 信号的解调

1. 过零检测法

单位时间内信号经过零点的次数多少，可以用来衡量频率的高低。数字调频波的过零点数随不同载频而异，故检出过零点数可以得到关于频率的差异，这就是过零检测法的基本思想。过零检测法又称为零交点法、计数法。其原理方框图及各点波形见图4－13。

考虑一个相位连续的 FSK 信号 a，经放大限幅得到一个矩形方波 b，经微分电路得到双向微分脉冲 c，经全波整流得到单向尖脉冲 d。单向尖脉冲的密集程度反映了输入信号的频率高低，尖脉冲的个数就是信号过零点的数目。单向脉冲触发一脉冲发生器，产生一串幅度为 E、宽度为 τ 的矩形归零脉冲 e。脉冲串 e 的直流分量代表着信号的频率，脉冲

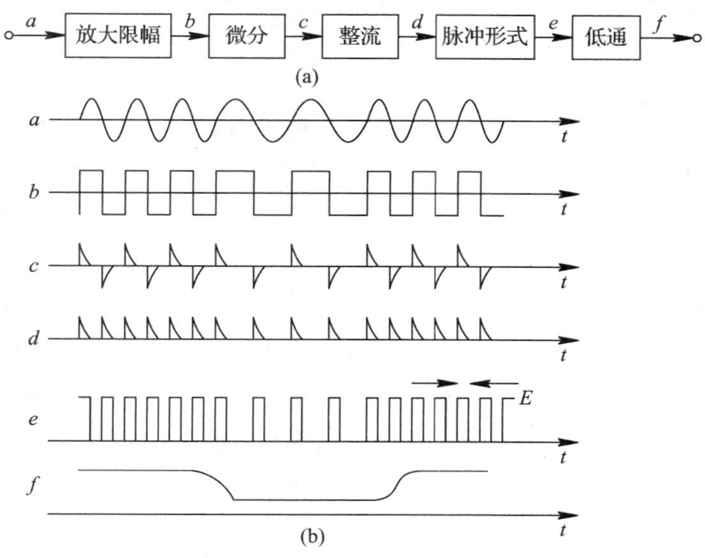

图 4－13　过零检测法方框图及各点波形

越密，直流分量越大，输入信号的频率越高。经低通滤波器就可得到脉冲串 e 的直流分量 f。这样就完成了频率—幅度变换，从而再根据直流分量幅度上的区别还原出数字信号“1”和“0”。

2. 包络检测法

2FSK 信号的包络检测方框图及波形如图 4－14 所示。用两个窄带的分路滤波器分别滤出频率为 f_1 及 f_2 的高频脉冲，经包络检测后分别取出它们的包络。把两路输出同时送到抽样判决器进行比较，从而判决输出基带数字信号。

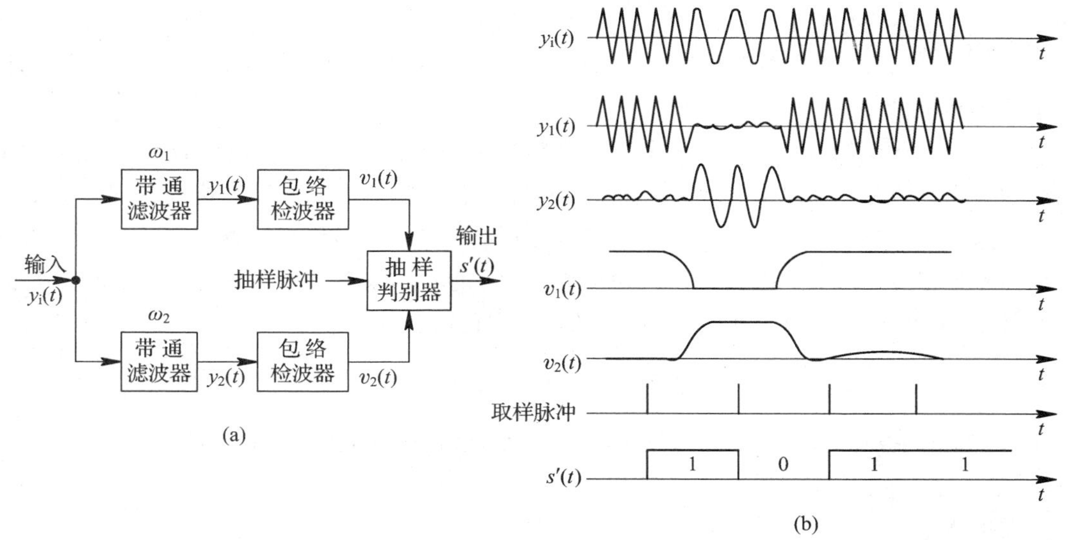

图 4－14　2FSK 信号包络检测方框图及波形

设频率 f_1 代表数字信号“1”；f_2 代表数字信号“0”，则抽样判决器的判决准则应为

$$\begin{cases} v_1 > v_2 & \text{即 } v_1 - v_2 > 0\text{，判为 } 1 \\ v_1 < v_2 & \text{即 } v_1 - v_2 < 0\text{，判为 } 0 \end{cases}$$

式中，v_1，v_2 分别为抽样时刻两个包络检波器的输出值。这里的抽样判决器，要比较 v_1，v_2 的大小，或者说把差值 $v_1 - v_2$ 与零电平比较。因此，有时称这种比较判决器的判决门限为零电平。

3. 同步检测法

同步检测法原理方框图如图 4-15 所示。图中两个带通滤波器的作用同上，起分路作用。它们的输出分别与相应的同步相干载波相乘，再分别经低通滤波器取出含基带数字信息的低频信号，滤掉二倍频信号，抽样判决器在抽样脉冲到来时对两个低频信号进行比较判决，即可还原出基带数字信号。请读者自己画出图中各波形。

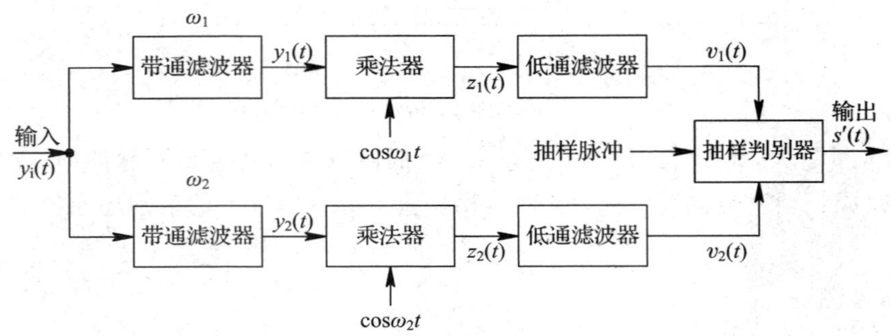

图 4-15　同步检测法原理方框图

与 2ASK 系统相仿，相干解调能提供较好的接收性能，但是要求接收机提供准确频率和相应的相干参考电压，这样增加了设备的复杂性。

通常，当 2FSK 信号的频偏 $|f_2 - f_1|$ 较大时，多采用分离滤波法；$|f_2 - f_1|$ 较小时，多采用鉴频法。

与 2ASK 的情形相对应，我们分别以包络解调法和相干解调法两种情况来讨论 2FSK 系统的抗噪声性能，给出误码率，并比较其特点。包络检测时 2FSK 系统的误码率计算可认为信道噪声为高斯白噪声，两路带通信号分别经过各自的包络检波器已经检出了带有噪声的信号包络 $v_1(t)$ 和 $v_2(t)$。$v_2(t)$ 对应频率 f_1 的概率密度函数：发“1”时为莱斯分布，发“0”时为瑞利分布；$v_2(t)$ 对应频率 f_2 的概率密度函数为

$$P(0/1) = P(v_1 < v_2) = \frac{1}{2}e^{-\frac{r}{2}} \tag{4-15}$$

发“1”时为瑞利分布，发“0”时为莱斯分布。那么，漏报概率 $P(0/1)$ 就是发“1”时 $v_1 < v_2$ 的概率。

虚报概率 $P(1/0)$ 为发“0”时 $v_1 > v_2$ 的概率

$$P(0/1) = P(v_1 > v_2) = \frac{1}{2}e^{-\frac{r}{2}} \tag{4-16}$$

系统的误码率为

$$P_e = P(1)\cdot P(0/1) + P(0)\cdot P(1/0) = \frac{1}{2}e^{-\frac{r}{2}}[P(1)+P(0)] = \frac{1}{2}e^{-\frac{r}{2}} \tag{4-17}$$

由以上公式可见，包络解调时 2FSK 系统的误码率将随输入信噪比的增加而成指数规律下降。相干解调时的系统误码率与包络解调时的情形有所不同，不同之处在于带通滤波器后接有乘法器和低通滤波器，低通滤波器输出的就是带有噪声的有用信号，它们的概率密度函数均属于高斯分布。经过计算，其漏报概率 $P(0/1)$ 为

$$P(0/1) = \frac{1}{2}\mathrm{erfc}\sqrt{\frac{r}{2}} \tag{4-18}$$

虚报概率 $P(1/0)$ 为

$$P(1/0) = \frac{1}{2}\mathrm{erfc}\sqrt{\frac{r}{2}} \tag{4-19}$$

系统的误码率为

$$P_e = \frac{1}{2}\mathrm{erfc}\sqrt{\frac{r}{2}}[P(1)+P(0)] = \frac{1}{2}\mathrm{erfc}\sqrt{\frac{r}{2}} \tag{4-20}$$

将相干解调与包络(非相干)解调系统误码率比较，可以发现：

(1) 两种解调方法均可工作在最佳门限电平。

(2) 在输入信号信噪比 r 一定时，相干解调的误码率小于非相干解调的误码率；当系统的误码率一定时，相干解调比非相干解调对输入信号的信噪比要求低。所以相干解调 2FSK 系统的抗噪声性能优于非相干的包络检测。但当输入信号的信噪比很大时，两者的相对差别不明显。

(3) 相干解调时，需要插入两个相干载波，因此电路较为复杂，但包络检测就无需相干载波，因而电路较为简单。

2FSK 解调

4.4　数字相位调制

4.4.1　绝对相移和相对相移

1. 绝对码和相对码

绝对码和相对码是相移键控的基础。绝对码是用基带信号码元的电平直接表示数字信息。如假设高电平代表"1"，低电平代表"0"，如图 4-16 中$\{a_n\}$所示。相对码(差分码)是用基带信号码元的电平相对前一码元的电平有无变化来表示数字信息的。假若相对电平有跳变表示"1"，无跳变表示"0"，由于初始参考电平有两种可能，因此相对码也有两种波形，如图 4-16$\{b_n\}_1$、$\{b_n\}_2$ 所示。显然$\{b_n\}_1$、$\{b_n\}_2$ 相位相反，当用二进制数码表示波形时，它们互为反码。上述对相对码的约定也可作相反的规定。

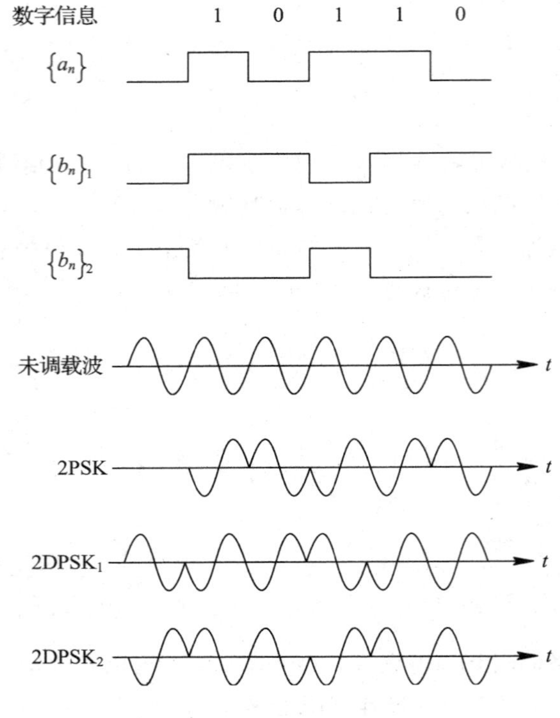

图 4-16　二相调相波形

绝对码和相对码是可以互相转换的。实现的方法就是使用模二加法器和延迟器(延迟一个码元宽度 T_b)，如图 4-17 所示。图 4-17(a)是把绝对码变成相对码的方法，称其为差分编码器，完成的功能是 $b_n=a_n\oplus b_n-1$($n-1$ 表示 n 的前一个码)。图 4-17(b)是把相对码变为绝对码的方法，称其为差分译码器，完成的功能是 $a_n=b_n\oplus b_n-1$。

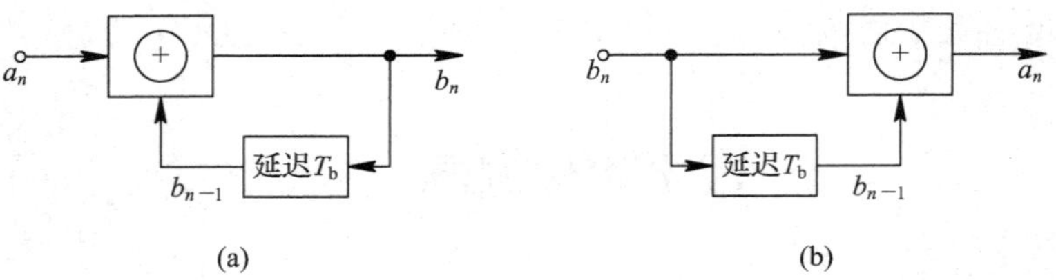

图 4-17　绝对码与相对码的互相转换

2. 绝对相移

绝对相移是利用载波的相位偏移(指某一码元所对应的已调波与参考载波的初相差)直接表示数据信号的相移方式。假若规定：已调载波与未调载波同相表示数字信号“0”，与未调载波反相表示数字信号“1”，见图 4-16 中 2PSK 波形，此时的 2PSK 已调信号的表达式为

$$e(t)=s(t)\cos\omega_c(t) \tag{4-21}$$

式中，$s(t)$为双极性数字基带信号，表达式为

$$s(t)=\Sigma_n a_n g(t-nT_b) \tag{4-22}$$

式中，$g(t)$是高度为 1，宽度为 T_b 的门函数；

$$a_n=\begin{cases}+1, & 概率为\ P \\ -1, & 概率为(1-P)\end{cases} \tag{4-23}$$

为了作图方便，一般取码元宽度 T_b 为载波周期 T_c 的整数倍(这里令 $T_b=T_c$)，取未调载波的初相位为 0。由图 4-16 可见，2PSK 各码元波形的初相相位与载波初相相位的差值直接表示着数字信息，即相位差为 0 表示数字“0”，相位差为 π 表示数字“1”。值得注意的是，在相移键控中往往用矢(向)量偏移(指一码元初相与前一码元的末相差)表示相位信号，调相信号的矢量表示如图 4-18 所示。在 2PSK 中，若假定未调载 $\cos\omega_c t$ 为参考相位，则矢量 **OA** 表示所有已调信号中具有 0 相(与载波同相)的码元波形，它代表码元“0”；矢量 **OB** 表示所有已调信号具有 π 相(与载波反相)的码元波形，可用数字式 $\cos(\omega_c t+\pi)$来表示，它代表码元“1”。

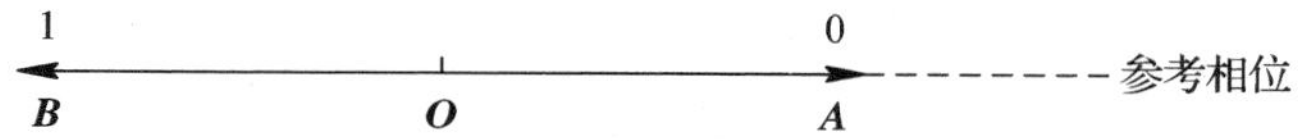

图 4-18　二相调相信号的矢量表示

当码元宽度不等于载波周期的整数倍时，已调载波的初相(0 或 π)不直接表示数字信息(“0”或“1”)，必须与未调载波比较才能看见它所表示的数字信息。

3. 相对相移

相对相移是利用载波的相对相位变化表示数字信号的相移方式。所谓相对相位是指本码元初相与前一码元末相的相位差(即向量偏移)。有时为了讨论问题方便，也可用相位偏移来描述。在这里，相位偏移指的是本码元的初相与前一码元(参考码元)的初相相位差。当载波频率是码元速率的整数倍时，向量偏移与相位偏移是等效的，否则是不等效的。

假若规定：已调载波(2DPSK 波形)相对相位不变表示数字信号“0”，相对相位改变为 π 表示数字信号“1”，如图 4-16 所示。由于初始参考相位有两种可能，因此相对相移波形也有两种形式，如图 4-16 中的 $2DPSK_1$、$2DPSK_2$ 波形，显然，两者相位相反。然而，我们可以看出，无论是 $2DPSK_1$ 还是 $2DPSK_2$，数字信号“1”总是与相邻码元相位突变相对应，数字信号“0”总是与相邻码元相位不变相对应。我们还可以看出，$2DPSK_1$、$2DPSK_2$ 对$\{a_n\}$来说都是相对相移信号，然而它们又分别是$\{b_n\}_1$、$\{b_n\}_2$ 的绝对相移信号。因此，我们说，相对相移本质上就是对由绝对码转换而来的差分码的数字信号序列的绝对相移。那么，2DPSK 信号的表达式与 2PSK 的表达式(4-21)、(4-22)、(4-23)应完全相同，所不同的只是式中的 $s(t)$信号表示的差分码数字序列。

2DPSK 信号也可以用矢量表示，矢量图如图 4-18 所示。此时的参考相位不是初相为零的固定载波，而是前一个已调载波码元的末相。也就是说，2DPSK 信号的参考相位不是固定不变的，而是相对变化的，矢量**OA**表示本码元初相与前一码元末相相位差为 0，它代表“0”，矢量**OB**表示本码元初相与前一码元末相相位差为 π，它代表“1”。

4.4.2 2PSK、2DPSK 信号的产生与解调

1. 2PSK 信号的产生

2PSK 产生

1）直接调相法

直接调相法用双极性数字基带信号 $s(t)$ 与载波直接相乘。其原理图及波形见图 4-19。根据前面的规定，产生 2PSK 信号时，必须使 $s(t)$ 为正电平时代表“0”，负电平时代表“1”。若原始数字信号是单极性码，则必须先进行极性变换再与载波相乘。图中 A 点电位高于 B 点电位时，$s(t)$ 代表“0”，二极管 V_1、V_3 导通，V_2、V_4 截止，载波经变压器正向输出 $e(t)=\cos\omega_c t$。A 点电位低于 B 点电位时，$s(t)$ 代表“1”，二极管 V_2、V_4 导通，V_1、V_3 截止，载波经变压器反向输出，$e(t)=-\cos\omega_c t=\cos(\omega_c t-\pi)$，即绝对移相 π。

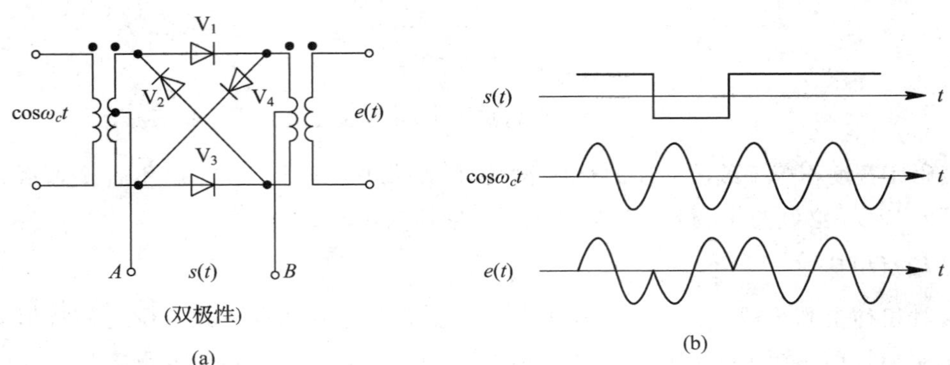

图 4-19 直接调相法产生 2PSK 信号原理图和波形

2）相位选择法

相位选择法用数字基带信号 $s(t)$ 控制门电路，选择不同相位的载波输出。其方框图如图 4-20 所示。此时，$s(t)$ 通常是单极性的。$s(t)=0$ 时，门电路 1 通，门电路 2 闭合，输出 $e(t)=\cos\omega_c t s(t)=1$ 时，门电路 2 通，门电路 1 闭合，输出 $e(t)=-\cos\omega_c t$。

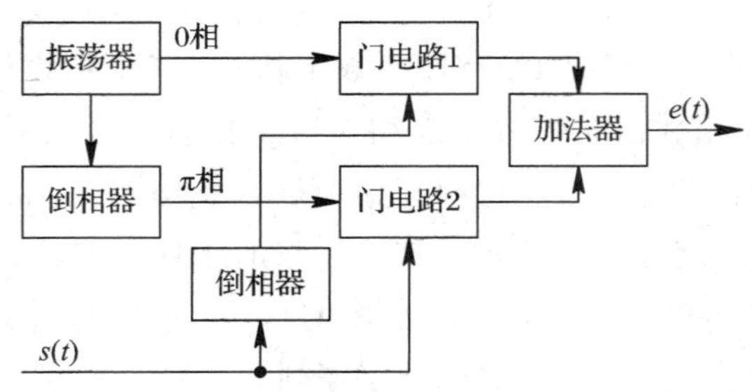

图 4-20 相位选择法产生 2PSK 信号方框图

2. 2PSK 信号的解调

2PSK 信号的解调不能采用分路滤波、包络检测的方法，只能采用相干解调的方法（又

称为极性比较法），其方框图见图 4－21(a)。通常本地载波是用输入的2PSK 信号经载波信号提取电路产生的。

2PSK 相干解调

不考虑噪声时，带通滤波器输出可表示为

$$y_1(t)=\cos(\omega_c t+\phi_n) \tag{4-24}$$

式中，ϕ_n 为 2PSK 信号某一码元的初相。$\phi_n=0$ 时，代表数字“0”；$\phi_n=\pi$ 时，代表数字“1。

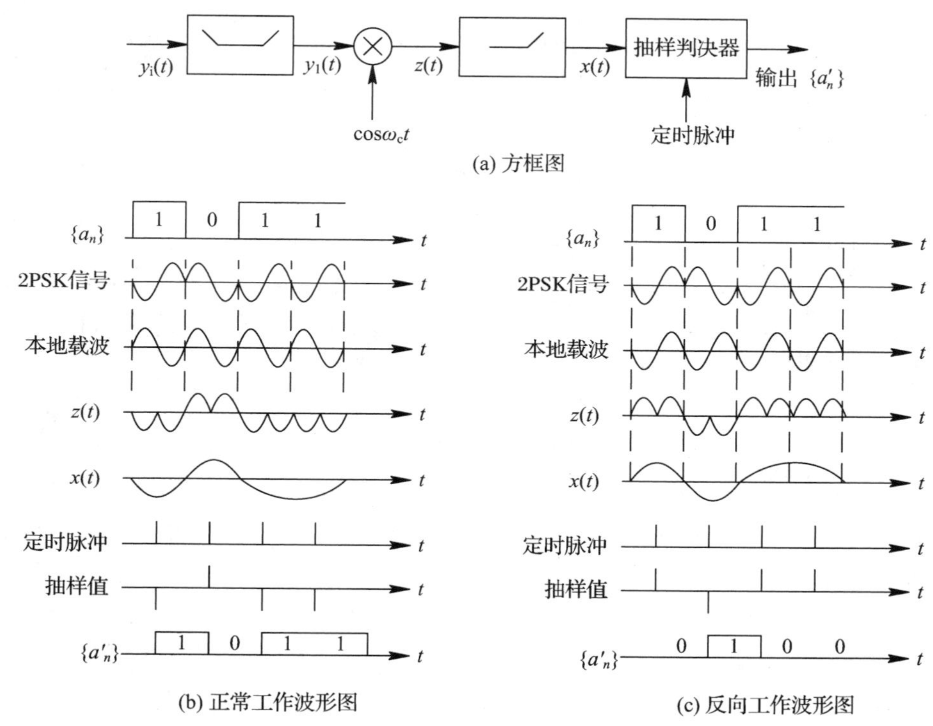

图 4－21　2PSK 信号的解调

我们知道，2PSK 信号是以一个固定初相的未调载波为参考的。因此，解调时必须有与此同频同相的同步载波。如果同步不完善，存在相位偏差，就容易造成错误判决，称为相位模糊。如果本地参考载波倒相，变为 $\cos(\omega_c t+\pi)$，低通输出为 $x(t)=-(\cos\phi_n)/2$，判决器输出数字信号全错，与发送数码完全相反，这种情况称为反向工作。反向工作时的波形见图 4－21(c)。绝对移相的主要缺点是容易产生相位模糊，造成反向工作。这也是它实际应用较少的主要原因。在 2PSK 信号的解调中，输入信号经过带通滤波、乘法器以及低通滤波器后，在判决器的输入端，已经得到了含有噪声的有用信号。

3. 2DPSK 信号的产生

由于 2DPSK 信号对绝对码 $\{a_n\}$ 来说是相对移相信号，对相对码 $\{b_n\}$ 来说则是绝对移相信号，因此，只需在 2PSK 调制器前加一个差分编码器，就可产生 2DPSK 信号。其原理方框图见图 4－22(a)。数字信号 $\{a_n\}$ 经差分编码器，把绝对码转换为相对码 $\{b_n\}$，再用直接调相法产生 2DPSK 信

2DSK 调制

号。极性变换器把单极性码$\{b_n\}$变成双极性信号，且负电平对应$\{b_n\}$的 1，正电平对应$\{b_n\}$的 0，图 4－22(b)的差分编码器输出的两路相对码(互相反相)分别控制不同的门电路实现相位选择，产生 2DPSK 信号。这里差分码编码器由与门及双稳态触发器组成，输入码元宽度是振荡周期的整数倍。设双稳态触发器初始状态为 $Q=0$。波形如图 4－22(c)所示。与图 4－16 对照，这里输出的 $e(t)$为 $2DPSK_2$。若双稳态触发器初始状态为 $Q=1$，则输出 $e(t)$为 $2DPSK_1$(见图 4－16)。

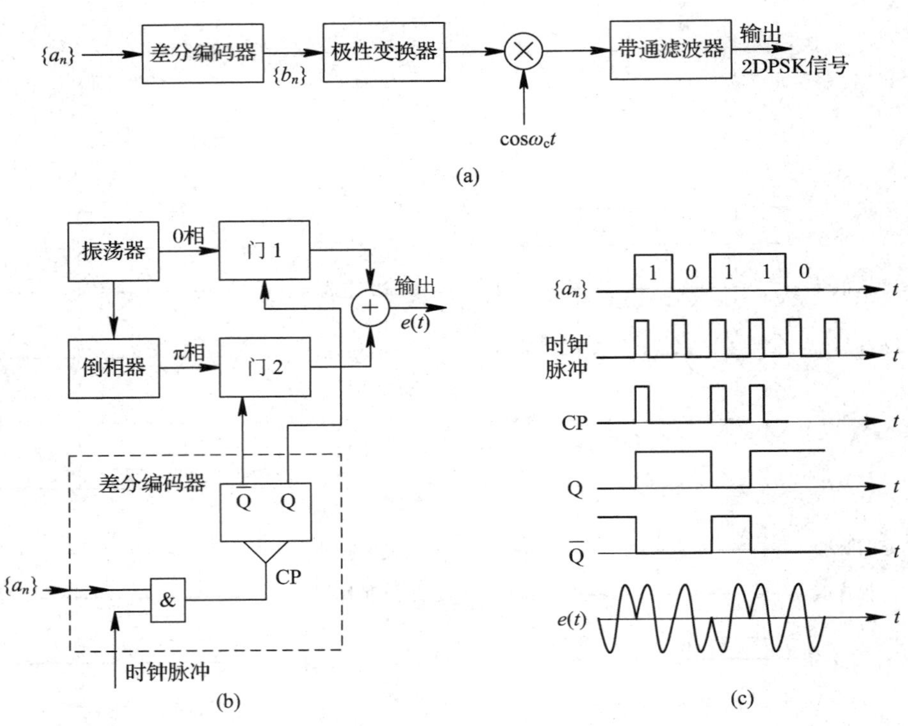

图 4－22　2DPSK 信号的产生

4. 2DPSK 信号的解调

2DSK 相干解调

极性比较—码变换法即是 2PSK 解调加差分译码，其方框图见图 4－23。2DPSK 解调器将输入的 2DPSK 信号还原成相对码$\{b_n\}$，再由差分译码器把相对码转换成绝对码，输出$\{a_n\}$。前面提到，2PSK 解调器存在“反向工作”问题，那么 2DPSK 解调器是否也会出现“反向工作”问题呢？回答是不会。这是由于当 2PSK 解码器的相干载波倒相时，

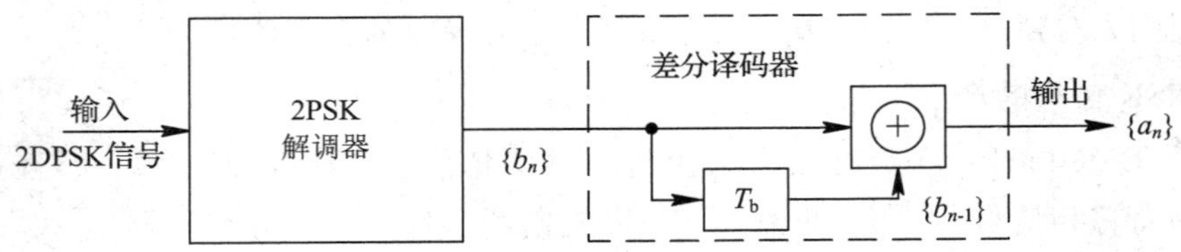

图 4－23　极性比较—码变换法解调 2DPSK 信号方框图

使输出的 b_n 变为 $\overline{b}_n$(b_n 的反码)。然而差分译码器的功能是 $b_n \oplus b_{n-1}=a_n$，b_n 反向后，仍使等式成立。因此，即使相干载波倒相，2DPSK 解调器仍然能正常工作。由于相对移相无“反向工作”问题，因此得到广泛的应用。

由于极性比较—码变换法解调 2DPSK 信号是先对 2DPSK 信号用相干检测 2PSK 信号办法解调，得到相对码 b_n，然后将相对码通过码变换器转换为绝对码 a_n，从而实现 2DPSK 信号的解调。

4.4.3　功率谱及带宽

由前讨论可知，无论是 2PSK 还是 2DPSK 信号，就波形本身而言，它们都可以等效成双极性基带信号作用下的调幅信号，无非是一对倒相信号的序列。因此，2PSK 和 2DPSK 信号具有相同形式的表达式，所不同的是 2PSK 表达式中的 $s(t)$ 是数字基带信号，2DPSK 表达式中的 $s(t)$ 是由数字基带信号变换而来的差分码数字信号。它们的功率谱密度应是相同的，功率谱为

$$P_e(f)=\frac{T_b}{4}\{S^2a[\pi(f+f_c)T_b]+S^2a[\pi(f-f_c)T_b]\} \tag{4-25}$$

如图 4-24 所示。

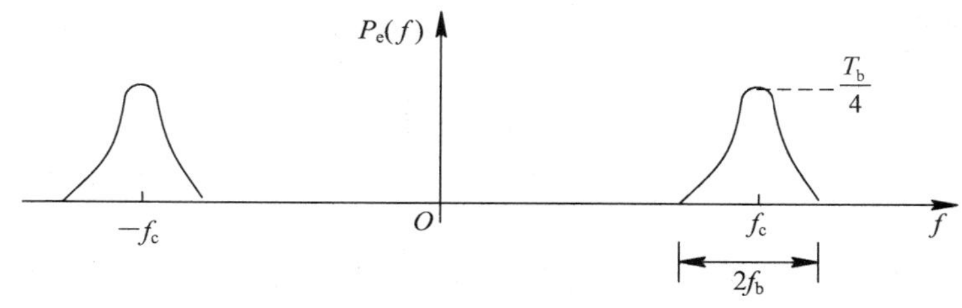

图 4-24　2PSK(或 2DPSK)信号的功率谱

可见，二进制相移键控信号的频谱成分与 2ASK 信号相同，当基带脉冲幅度相同时，其连续谱的幅度是 2ASK 连续谱幅度的 4 倍。当 $P=1/2$ 时，无离散分量，此时二相相移键控信号实际上相当抑制载波的双边带信号了。信号带宽为 $B_{2DPSK}^{2PSK}=2B_b=2f_b$，与 2ASK 相同，是码元速率的两倍。

这就表明，在数字调制中，2PSK、2DPSK 的频谱特性与 2ASK 十分相似。相位调制和频率调制一样，本质上是一种非线性调制，但在数字调相中，由于表征信息的相位变化只有有限的离散取值，因此，可以把相位变化归结为幅度变化。这样一来，数字调相同线性调制的数字调幅就联系起来了，为此可以把数字调相信号当作线性调制信号来处理了。但是不能把上述概念推广到所有调相信号中去。

2PSK 与 2DPSK 系统的比较：

(1) 检测这两种信号时判决器均可工作在最佳门限电平(零电平)。

(2) 2DPSK 系统的抗噪声性能不及 2PSK 系统。

(3) 2PSK 系统存在“反向工作”问题，而 2DPSK 系统不存在该问题。

在实际应用中，真正作为传输用的数字调相信号几乎都是 DPSK 信号。

4.5 多进制数字调制

评价通信系统有效性时，在不提高波特率的前提下，采用多进制信号可提高比特率 lb M倍。因此，当信道频带受限时，采用多进制数字调制来增大信息传输速率，提高频带利用率，但这是以增加信号功率和实现的复杂性为代价的，而且其抗噪声性能低于二进制信号。

用多进制的数字基带信号调制载波，就可以得到多进制数字调制信号。当已调信号携带信息的参数分别为载波的幅度、频率或相位时，数字调制信号分别为 M 进制幅度键控(MASK)、M 进制频移键控(MFSK)或 M 进制相移键控(MPSK)。

4.5.1 多进制数字振幅键控(MASK)

多进制幅移键控又称为多电平调幅。MASK 信号相当于 M 电平的基带信号对载波进行双边带调幅。图 4-25 为四电平的 MASK 已调信号波形。

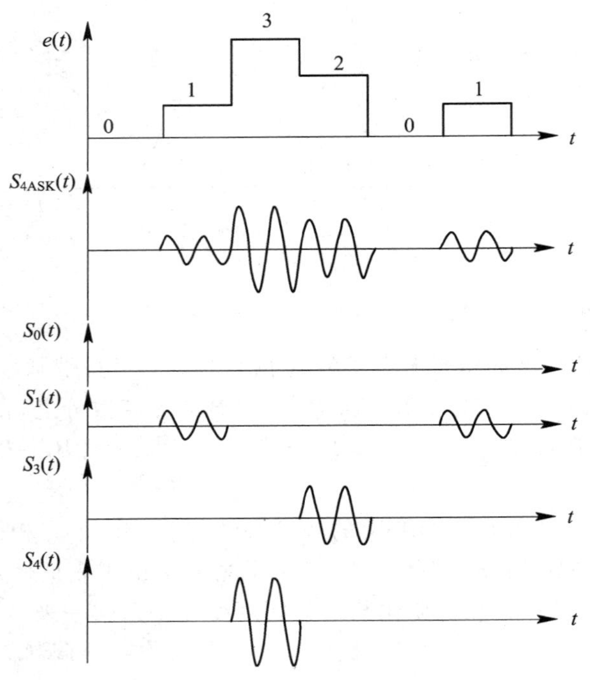

图 4-25　4MASK 信号波形

从图 4-25 可看出，MASK 信号可以看成是由时间上互不重叠的 M 个不同振幅值的 2ASK 信号的叠加而形成的。MASK 信号的功率谱，就由 M 个 2ASK 信号的功率谱之和组成。尽管叠加后功率谱的结构是复杂的，但就信号的带宽而言，当码元速率 R_B 相同时，MASK 信号的带宽与 2ASK 信号的带宽相同，即 $B=2R_B$。但在信息速率相等的情况下，MASK 信号的带宽仅为 2ASK 信号带宽的 $1/(\text{lb } M)$。

MASK 的调制与 2ASK 的调制方法相同，可由乘法器实现。MASK 的解调可采用相干解调和非相干解调两种形式。

4.5.2　多进制数字频移键控(MFSK)

多进制数字频率键控简称多频制，是 2FSK 方式的简单推广。MFSK 用多个频率不同的正弦波分别代表不同的数字信息，在某一码元时间内只发送其中一个对应频率的正弦波。一般的 MFSK 系统框图如图 4-26 所示。

MFSK 的调制可采用键控法产生 MFSK 信号，但其相位是不连续的，如图 4-26(a)所示。MFSK 信号的解调通常采用非相干解调，原理框图如图 4-26(b)所示。因为相干解调实现起来比较复杂，要求有精确相位的参考信号，所以很少采用。

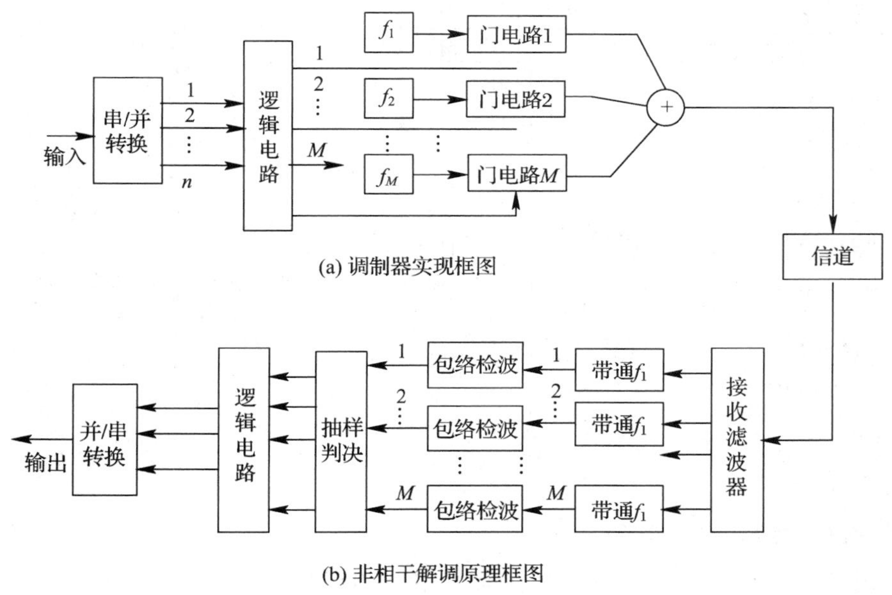

图 4-26　MFSK 系统框图

MFSK 信号可以看作由 M 个振幅相同、载频不同、时间上互不重叠的 2ASK 信号叠加形成。MFSK 信号的带宽随频率数 M 的增大而线性增宽，频带利用率明显下降。因此，MFSK 多用于调制速率不高的传输系统中。

4.5.3　多进制数字相移键控(MPSK)

1. 多进制相移键控信号的表示

多进制数字调相又称多相制，它是利用不同的相位来表征数字信息的一种调制方式。如果载波有 M 种相位，那么就可以表示 n 比特码元的 2^n 种组合状态，故有 $M=2^n$。假若有四种相位，就可以表示 2 比特的四种组合状态。多进制相移键控分为多进制绝对相移键控和多进制相对相移键控两种。在实际通信中大多采用相对相移键控。

MPSK信号可以看成是两个正交载波进行多电平双边带调制后所得两路MASK信号的叠加。MPSK信号可以用正交调制的方法产生，其带宽和MASK信号带宽相同。

MPSK信号是相位不同的等幅信号，所以用矢量图也可对MPSK信号进行形象而简单的描述。在矢量图中通常以0相位载波作为参考矢量。图4-27中画出$M=2$、4、8时不同初始相位情况下的矢量图。

从图4-27矢量图看出，相邻已调波矢量对应的多比特码之间仅有1位码不同。在多相调制信号进行解调时，这种码型有利于减少因相邻相位角误判而造成的误码，可提高数字信号频带传输的可靠性。

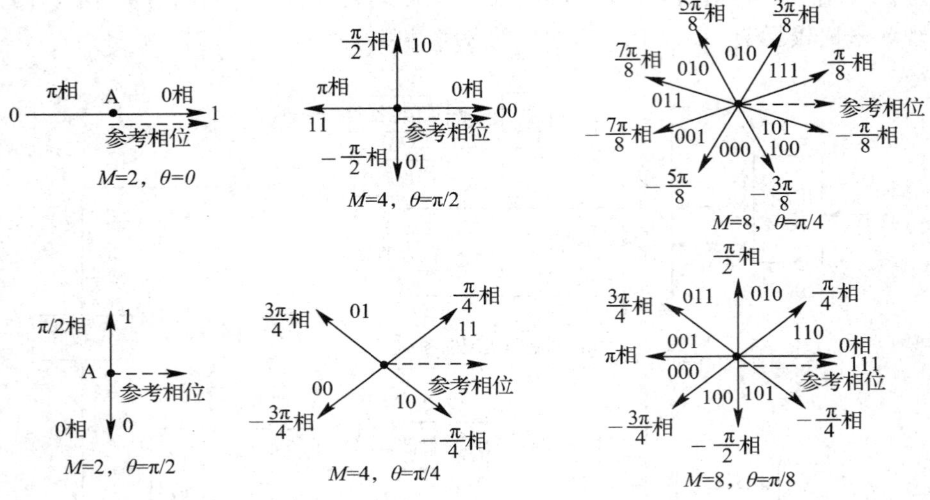

图4-27　MPSK信号矢量图

2. 四相绝对相移键控(QPSK)

在多相相移键控中常用的是四相相移键控和八相相移键控。四相相移键控即4PSK又称为QPSK，用四种不同的载波相位携带数字信息，其信号矢量图见图4-28所示。四相相移键控具有较高的频谱利用率和较强的抗干扰性，同时在电路实现上比较简单，成为某些通信系统的一种主要调制方式。π/4QPSK是目前微波、卫星数字通信和数字蜂窝移动通信系统中常用的一种载波传输方式。下面以四相相移键控(QPSK)为例介绍多相相移键控的调制与解调。

1）QPSK信号的调制

QPSK信号的产生方法有正交调制法、相位选择法等方法。正交调制法也称直接调相法，如图4-28所示为$M=4$，$\theta=\pi/4$体系的QPSK信号正交调制法原理框图。将输入的串行二进制码经串/并变换，分为A、B两路速率减半的序列，电平产生器分别产生双极性二电平信号，然后分别对同相载波$\cos\omega_c t$和正交载波$\sin\omega_c t$进行调制，每一路的工作与2PSK相同，然后两路调制后的信号相加即得到了QPSK信号。如果产生$M=4$，$\theta=\pi/2$体系的QPSK信号，只需将载波移相$\pm\pi/4$后分别送入A路和B路的相乘器，调制后合成即可。

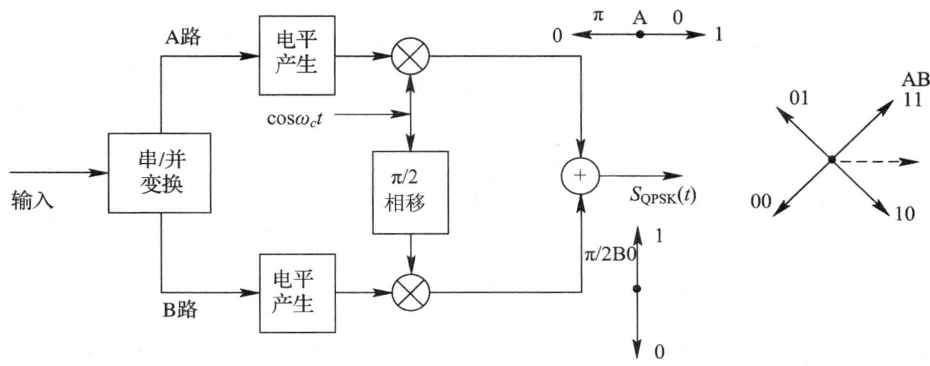

图 4－28　QPSK 信号(π/4 体系)正交调制法原理框图

用相位选择法也可以产生 QPSK 信号，用数字信号去选择所需相位的载波，从而实现相移键控，其原理框图如图 4－29 所示。四相载波发生器产生 QPSK 所需的 4 种相位的载波，输入的数字信息经串/并变换成为双比特码，经逻辑选择电路，每隔 T_b 时间选择其中一种相位的载波作为输出，然后经过带通滤波器滤除高频分量。这是一种全数字化的方法，适合于载波频率较高的场合。

图 4－29　相位选择法产生 QPSK 信号(π/4)原理框图

2）QPSK 信号的解调

QPSK 信号的解调采用正交相干解调法，又称极性比较法。因为 QPSK 信号就是两个正交 2PSK 信号组合而成，所以 QPSK 信号可以用两个正交的本地载波信号实现相干解调。如图 4－30 所示为相干解调器的原理框图。QPSK 信号经信号分离器后的同相 A 路和正交 B 路信号同时送到解调器的两个信道，在相乘器中与对应的载波相乘，并从中取出基带信号送到低通滤波器，再经抽样判决后分别得到 A 路和 B 路的二进制信号，通过并/串变换，即可恢复原始信息。

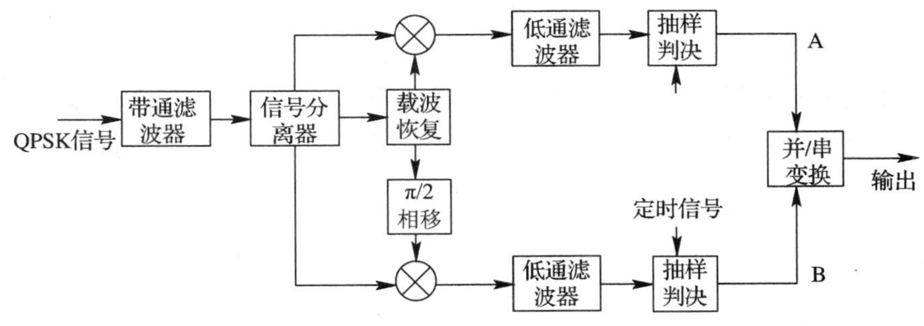

图 4－30　QPSK 信号(π/4 体系)相干解调原理框图

3. 四相相对相移键控(QDPSK)

从 2PSK 信号的解调已知，在解调过程中存在相位模糊的问题。QPSK 也存在此问题，因此，在实际应用中大多采用四相相对相移键控(4DPSK 或 QDPSK)。

4.6 现代数字调制技术

1. 正交振幅调制(QAM)

单独使用振幅或相位携带信息时，不能最充分地利用信号平面，这可以由矢量图中信号矢量端点的分布直观观察到。多进制振幅调制时，矢量端点在一条轴上分布；多进制相位调制时，矢量端点在一个圆上分布。随着进制数 M 的增大，这些矢量端点之间的最小距离也随之减小。但如果我们充分地利用整个平面，将矢量端点重新合理地分布，则有可能在不减小最小距离的情况下，增加信号矢量的端点数目。基于上述概念我们可以引出振幅与相位相结合的调制方式，这种方式常称为数字复合调制方式。一般的复合调制称为幅相键控(APK)，两个正交载波幅相键控称为正交振幅调制(QAM)。

QAM 的调制和相干解调的原理方框图如图 4-31 所示。在调制器中，输入数据经过串/并变换分成两路，再分别经过 2 电平到 L 电平的变换，形成 A_m 和 B_m。为了抑制已调信号的带外辐射，A_m 和 B_m 要通过预调制低通滤波器；再分别与相互正交的两路载波相乘，形成两路 ASK 调制信号；最后将两路信号相加就可以得到不同幅度和相位的已调 QAM 输出信号 $y_{QAM}(t)$。

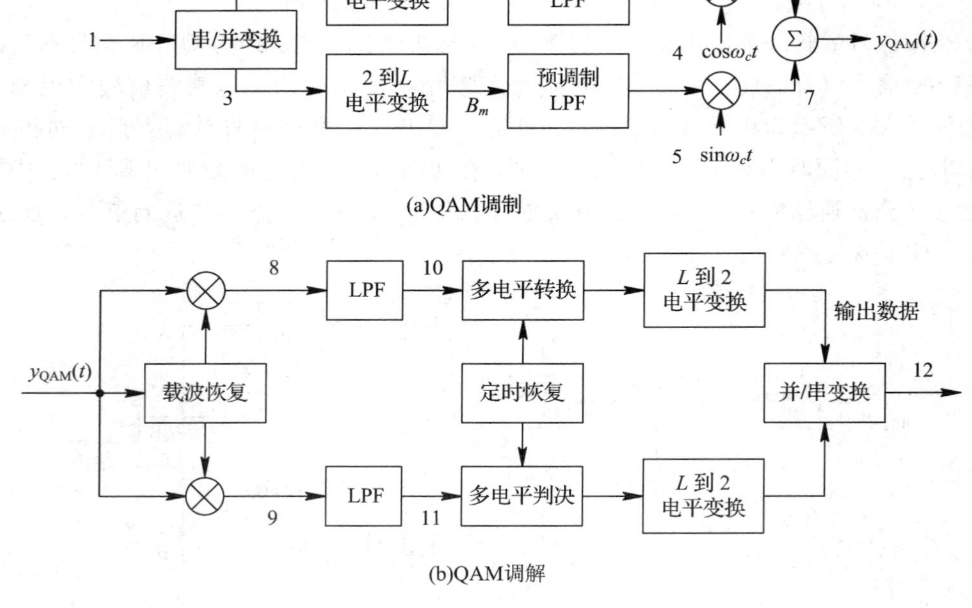

图 4-31 QAM 调制和相干解调原理方框图

从4QAM的调制解调过程可以看出，系统可在一路ASK信号频率带宽的信道内完成两路信号的同时传输。所以，利用正交载波调制技术传输ASK信号，可使频带利用率提高一倍，达到2 b/s·Hz。如果将其与多进制或其他技术结合起来，还可进一步提高频带利用率。在实际应用中，除了二进制QAM(简称4QAM)以外，常采用16QAM(四进制)、64QAM(八进制)、256QAM(十六进制)等方式。

2. 交错正交相移键控(OQPSK)

OQPSK是在QPSK基础上发展起来的一种恒包络数字调制技术，是QPSK的改进型，也称为偏移四相相移键控(OffsetQPSK)，有时又称为参差四相相移键控(SQPSK)或双二相相移键控(DoubleQPSK)等。它与QPSK有同样的相位关系，也是把输入码流分成两路，然后进行正交调制。不同点在于它将同相和正交两支路的码流在时间上错开了半个码元周期。由于两支路码元半周期的偏移，每次只有一路可能发生极性翻转，不会发生两支路码元同时翻转的现象。因此，OQPSK信号相位只能跳变0°、±90°，不会出现180°的相位跳变。

3. 最小频移键控(MSK)

OQPSK由于在正交支路引入$T_b/2$的偏移，结果消除了QPSK中的180°的相位跳变现象，但每隔$T_b/2$信号可能发生±90°的相位变化。最小频移键控追求信号相位路径的连续性，是二进制连续相位FSK(CPFSK)的一种。

MSK又称快速频移键控(FFSK)，“快速”二字指的是这种调制方式对于给定的频带，它能比2PSK传输更高速的数据；最小频移键控中的“最小”二字指的是这种调制方式能以最小的调制指数($h=0.5$)获得正交的调制信号。下面对MSK信号进行简要分析。

MSK信号的产生过程如下：

(1) 对输入数据序列进行差分编码；

(2) 把差分编码器的输出数据用串/并变换器分成两路，并相互交错一个比特宽度T_b；

(3) 用加权函数$\cos(\pi t/2T_b)$和$\sin(\pi t/2T_b)$分别对两路数据进行加权；

(4) 用两路加权后的数据分别对正交载波$\cos\omega_c t$和$\sin\omega_c t$进行调制；

(5) 把两路输出信号进行叠加。

4. 正弦频移键控(SFSK)

MSK信号由于相位是连续变化的，因而频谱衰减速度较快。但当相邻两个符号极性变化时，相位路径在符号转换时刻将产生一个拐点，相位路径在转换时刻的斜率是不连续的，这仍然影响已调信号频谱的衰减速度。

5. 平滑调频(TFM)

进一步改进频谱衰减而且得到实际应用的方法有多种。其中一种是将相位路径中一个符号间隔内的升余弦平滑扩展到几个符号间隔内，采用类似部分响应信号的相关编码技术(注意，这里是用于相位路径成形，而不是基带信号波形成形)，随着信息码元的组合不同，在一个符号间隔内相位变化值由原来的单一值(π/2)变为多种值(如0、±π/2、±π/4)。这种利用相关编码技术的连续相位调制称为平滑调频，常记作TFM，应用于移动通信。它的相位路径如图 4－32 所示。

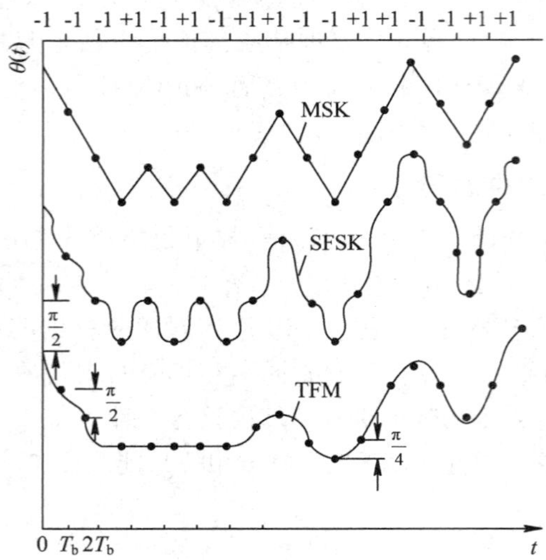

图 4－32　MSK、SFSK 和 TFM 相位路径

TFM 相位路径的平均变化率小于 SFSK，因而它的频谱特性衰减得更快，如图 4－33 所示。

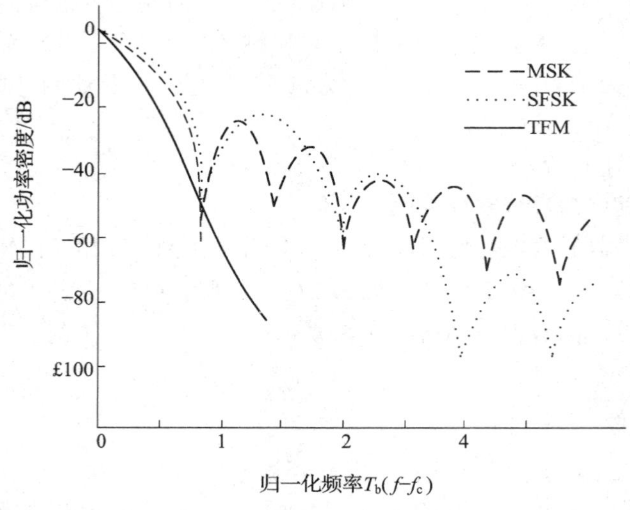

图 4－33　MSK、SFSK 和 TFM 功率谱

6. 高斯滤波的最小频移键控(GMSK)

尽管 MSK 具有包络恒定、相对较窄的带宽和能进行相干解调的优点，但它不能满足诸如移动通信中对带外辐射的严格要求，所以还必须对 MSK 做进一步的改进。高斯滤波器的 MSK 就是在 MSK 调制器之前，用高斯型低通滤波器对输入数据进行处理。如果恰当地选择此滤波器的带宽，能使信号的带外辐射功率小到可以满足一些通信场合的严格要求的程度。

为了有效地抑制 MSK 的带外辐射并保证经过预调制滤波后的已调信号能采用简单的

MSK 相干检测电路，预调制滤波器必须具有以下特点：

（1）带宽窄并且具有陡峭的截止特性；

（2）冲击响应的过冲较小；

（3）滤波器输出脉冲面积为一常量，该常量对应的一个码元内的载波相移为 $\pi/2$。

数字调制

模拟信号的连续调制在调制过程中频谱只是搬移，没有产生新的频率成分，频谱结构没有发生变化。模拟信号的线性振幅调制包括一般幅度调制(AM)、抑制载波的双边带调幅(DSB)、单边带调幅(SSB)和残留边带调幅(VSB)。二进制数字信号基本的调制有幅移键控(ASK)、频移键控(FSK)和相移(PSK)。在 f_b 相同情况，h 比较大时，2FSK 的带宽最宽。在同一调制方式下，从误码率角度看，相干解调优于非相干解调，但相干解调电路比非相干解调电路结构复杂。单从性能指标看 2PSK 系统最好，但由于相干解调存在“相位模糊”现象，实际工程中多采用 2DPSK。为了提高频带利用率，在现代通信中采用多进制调制，如 MDPSK、MQAM 得到普遍应用。但多进制数字调制系统的抗噪声性能低于二进制数字调制系统。调制解调器是数字调制技术的应用。模拟话路信道的频率范围是 300～3400 Hz，带宽为 3000 Hz，利用模拟话路信道传输数据需选择适当的调制解调方式，使有限的话路频带能够传输一定速率的数据信号，并使传输差错率满足要求。

练 习 题

一、填空题

1. 基本数字载波调制有________、________和________三种。

2. 2ASK 信号的带宽是______，2PSK 信号的带宽是______。

二、简答题

1. 什么是调制？数字调制的目的是什么？

2. 设发送数字基带信号码序为 01001100110，试画出 2ASK、2PSK、2DPSK 的信号波形图。

3. 某 2FSK 调制系统的码元速率为 1000 Bd，载波频率为 1 kHz 或 3 kHz，如果发送数字基带信号序列为 10101101，试画出 2FSK 信号波形。

4. 二进制数字基带信号序列为 11010110，试画出与之相对应的 2ASK、2PSK、2DPSK 已调制信号波形。

第 5 章 数字复接与同步技术

学习目标

1. 理解多路复用技术的概念、分类及应用；
2. 掌握 PCM30/32 路系统的工作原理及应用；
3. 理解同步复接与异步复接技术的基本概念；
4. 掌握同步技术的概念、分类及目的；
5. 了解各种同步技术的实现方法。

学习重点

1. 多路复用技术的概念及分类；
2. PCM30/32 路系统的工作原理；
3. 复用技术的基本原理及分类；
4. 载波同步的概念及工作原理；
5. 位同步的概念及工作原理；
6. 群同步的概念及工作原理；
7. 网同步的概念及工作原理。

学习难点

1. 复用技术的基本原理及分类；
2. 载波同步的概念及工作原理；
3. 位同步的概念及工作原理；
4. 群同步的概念及工作原理；
5. 网同步的概念及工作原理。

5.1　时分多路复用技术

目前多路复用的方法用得最多的有两大类：频分多路复用和时分多路复用。频分多路复用用于模拟通信，数字通信采用时分多路复用，如何实现时分多路通信是非常重要的。

5.1.1　多路复用技术

为了提高信道的利用率，使多路信号互不干扰地在同一条信道上传输，这种方式称多路复用。目前应用最广泛的方法是频分多路复用(FDM)和时分多路复用(TDM)。

频分多路复用(FDM)：在物理信道的可用带宽超过单个原始信号所需带宽情况下，可将物理信道的总带宽分割成若干个与传输单个信号带宽相同(或略宽)的子信道，每个子信道传输一路信号。原信号通过调制进行频谱搬移，将各路信号调制到不同的频段，这样各路信号在相同时间内占用不同的频段，互不重叠。在接收端利用不同中心频率的滤波器将它们分别滤出来，然后分别解调接收就可以恢复出原来的信号。注意：频分多路复用时，各路载频的间隔除考虑频谱不重叠外，还要考虑邻路之间的相互干扰以及带通滤波器制作上的困难。因此，在保证各路信号的带宽外，载频与载频还应留有一定的防护带。

时分多路复用(TDM)：将一条物理信道按时间分成若干个时间片轮流地分配给多个信号使用。而将发送的信号在时间上离散化，相当于在时域上进行分割。其实质就是多个发送端轮流使用信道，感觉上多个发送端在同时发送数据，但实际上每一时刻，只有一个发送端在发送数据，如图 5-1 所示。

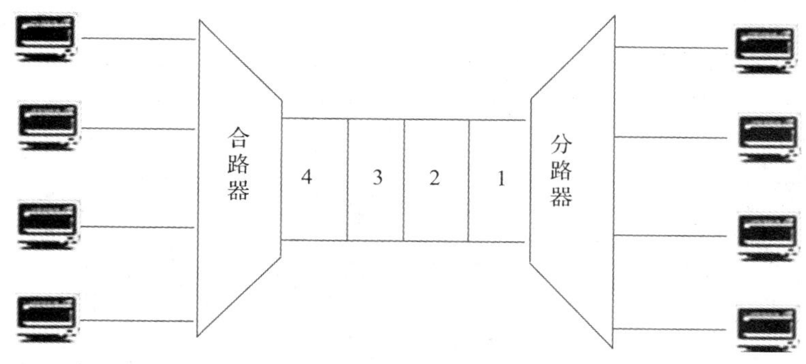

图 5-1　采用 TDM 技术传输的计算机网络

按照时间分配方式的不同，时分复用又可以分为以下几种：

(1) 同步时分复用(ATDM)：在 ATDM 系统中，时间是预先分配好的，而且是固定不变的，即每个时间片与一个信号源对应，而不管此时是否有信息发送。在接收端，根据时间序号可判断出是哪一路信号，该复用方法实现简单，但容易造成资源的浪费。

(2) 异步时分复用(STDM)：该时分复用又称为统计时分复用或智能时分复用(ITDM)，允许动态分配信道的时间片，以实现按需分配。如果某路信号源没有信息发送，则允许其他信号源占用这个时间片，这样可大大提高信道的利用率，但控制复杂。

同步时分复用和异步时分复用有一个共同的特点就是在某一瞬时，线路上只有一路传输信号。

5.1.2 PCM30/32 路系统

1. 基本概念

在语音信号的 PCM 通信系统中，国际上有两种 PCM 复用系列：一种是一次群为 PCM30/32 路系统(我国与欧洲采用这种方式)；另一种是一次群为 PCM24 路系统(美国与日本采用这种方式)。

在学习 PCM30/32 路系统之前，先学习几个基本概念。

(1) 基群：采用 TDM 的数字通信系统，由一定路数的电话复合成的一个标准数据流。

(2) 基群帧：将基群数据流按时间分割成若干路时隙，每一路信号分配一个时隙，帧同步码和其他业务信号、信令信号再分配一个或两个时隙，这种按时隙分配的重复性图案就是基群帧结构。

(3) 帧周期：对时分复用的每路信号抽样一次所需的时间。

(4) PCM 复用：将多路模拟信号按帧周期分别进行抽样，再合在一起统一进行 PCM 编码，然后再形成时分多路信号的过程。

2. PCM30/32 路制式基群帧结构

PCM30/32 路制式基群帧结构如图 5-2 所示，一帧共有 32 个时间间隔，称为 32 个时隙。各个时隙从 0 到 31 顺序编号，分别记作 TS_0，TS_1，TS_2，…，TS_{31}，共由 32 路组成，其中 30 路用来传输用户话音，剩余两路用来传输勤务码。每路语音信号抽样速率为 8000 Hz，即对应的每帧时间间隔为 125 μs。

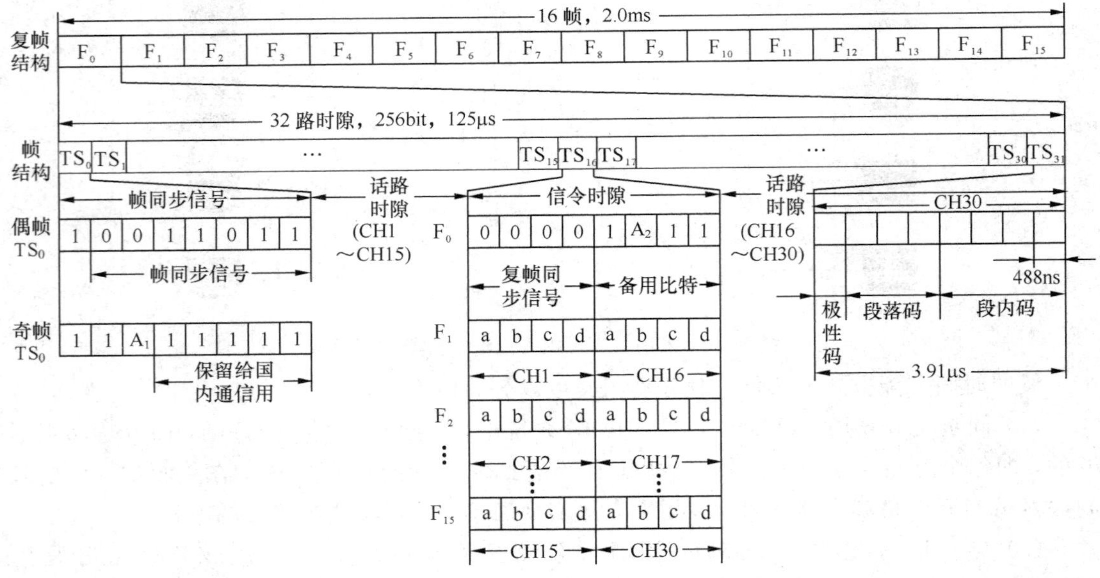

图 5-2 PCM30/32 路制式基群帧结构

1）帧结构

PCM3032

（1）帧周期：125 μs 为 1 个抽样周期。

（2）32 个时隙，帧长为 $32\times8=256$ bit。

（3）每时隙 8 bit，时隙的时间宽度为 $125\div32=3.9$ μs。

（4）每比特时长为 $125\div256=0.488$ μs。

（5）PCM30/32 路系统一次群的总的码速率为 $f_b=8000\times[(30+2)\times8]=2.048$ Mb/s。

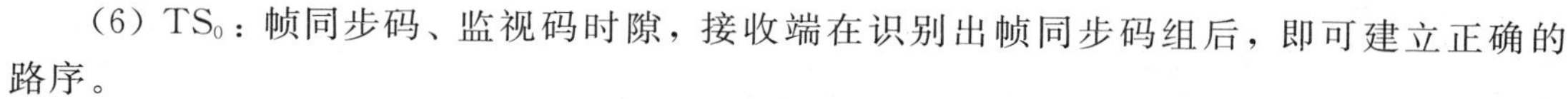

（6）TS_0：帧同步码、监视码时隙，接收端在识别出帧同步码组后，即可建立正确的路序。

偶数帧 TS_0：用于传送帧同步码，码型为 0011011；

奇数帧 TS_0：第 2 位码固定发送“1”，作为监视码，监测出现假同步码组；第 3 位码为失步告警用，以 A_1 表示；第 4～8 位码为国内通信用，暂时定为“1”。

每一帧 TS_0 的第 1 位留给国际通信用，也可用于 CRC 校验码，不用时固定发“1”。

（7）TS_{16}：信令与复帧同步时隙，用于传送话路信令，如呼叫、应答等，在复帧结构下分配使用。

（8）TS_1～TS_{15} 和 TS_{17}～TS_{31}：共 30 个时隙，传送 30 路话音或数据信号的 8 位二进制编码码组。

2）复帧结构

（1）由 16 个帧组成，帧周期 2 ms。

（2）采用共路信令方式，将 16 个帧的 TS_{16} 集中起来传送信令，本路信令与本路语音不在一个时隙里传送。

（3）设复帧中包含 F_0，F_1，…，F_{15} 共 16 个帧，则 F_0 的 TS_{16} 前 4 位发复帧同步码“0000”，第 6 位 A_2 为复帧失步告警码，其余位码备用，可暂发“1”；F_1～F_{15} 的 TS_{16} 前 4 位码用来依次传送 1～15 话路的信令码，后 4 位则依次传送 16～30 话路的信令码。

3. PCM30/32 路系统应用

在后续的程控交换课程中，许多内容都与 PCM30/32 路系统有着密切的联系。例如，在程控交换机中，通常用到中继，而中继的概念是连接交换机与交换机之间的接口，用于传输信息和信令。通常一个中继电路的速率是 64 kb/s，这个速率就是 PCM30/32 路系统的一个时隙的传输速率。

DTI 板是数字中继接口板，用于局间数字中继，是数字交换系统间、数字交换系统与数字传输系统间的接口单元，提供 ISDN 基群速率接口（PRA）以及多模块内部的互连链路；每个单板提供 4 路 2 Mb/s 的 PCM 链路。

5.2　数字复接技术

图 5-3 是数字复接系统方框图。从图中可见，数字复接设备包括数字复接器和数字分接器，数字复接器是把两个以上的低速数字信号合并成一个高速数字信号的设备；数字分接器是把高速数字信号分解成相应的低速数字信号的设备。一般把两者做成一个设备，

简称为数字复接器。

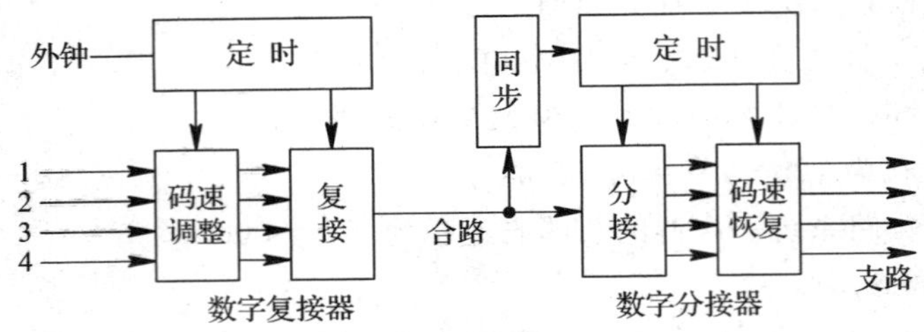

图 5-3　数字复接系统方框图

数字复接器由定时、码速调整和复接单元组成；分接器由同步、定时、分接和码速恢复单元组成。

在数字复接器中，复接单元输入端上各支路信号必须是同步的，即数字信号的频率与相位完全是确定的关系。只要使各支路数字脉冲变窄，将相位调整到合适位置，并按照一定的帧结构排列起来，即可实现数字合路复接功能。如果复接器输入端的各支路信号与本机定时信号是同步的，称为同步复接器。如果不是同步的，则称为异步复接器。如果输入支路数字信号与本机定时信号标称速率相同，但实际上有一个很小的容差，这种复接器称为准同步复接器。

在分接器中，合路数字信号和相应的时钟同时送给分接器。分接器的定时单元受合路时钟控制，因此它的工作节拍与复接器定时单元同步。同步单元从合路信号中提出帧同步信号，用它再去控制分接器定时单元。恢复单元把分解出的数字信号恢复出来。

按参与复接的各支路信号每次交织插入的码字结构情况，数字复接的方式可分为按位复接、按字复接和按帧复接，如图 5-4 所示。

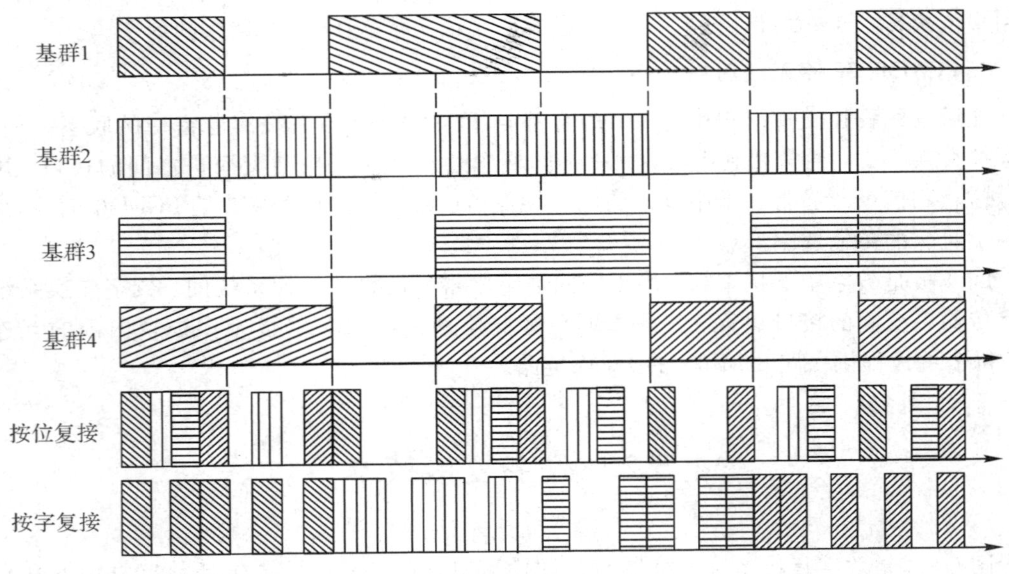

图 5-4　复接示意图

1. 按位复接

按位复接(又称比特单位复接)，每次复接时取一位码，各支路轮流被复接。其特点是设备简单，只需容量很小的缓存器，较易实现，是目前应用得最多的复接方式。

2. 按字复接

按字复接每次复接取一个支路的 8 位码，各个支路轮流被复接。其特点是保持了单路码字的完整性，有利于多路合成处理，将会有更多的应用。

3. 按帧复接

按帧复接对各个复接支路每次复接一帧。其特点是该方式不破坏原支路的帧结构，有利于交换，但要求有大容量的存储器，设备较复杂。随着微电子技术的发展，其应用将越来越广泛。

目前国际上有两种标准系列和速率。我国和欧洲等国采用 30/32 路、2048 kb/s 作为一次群。日本、北美等国采用 24 路、1544 kb/s 作为一次群，然后分别以一次群为基础，构成更高速率的二、三、四、五次群，如表 5－1 所示。它的作用与模拟载波通信中以低次群组(即一次群)合成更多路高次群完全类似。如 5 个基群(一次群)组成一个 60 路超群，5 个超群组成一个 300 路主群，等等。

表 5－1　两种标准系列和高次群速率

制式 / 群路等级	北美、日本		中国、欧洲	
	信息速率(kb/s)	路数	信息速率(kb/s)	路数
一次群	1544	24	2048	30/32
二次群	6312	96	8448	120
三次群	32064 或 44736	480 或 672	34368	480
四次群			139624	1920

在表 5－1 中，二次群(以 30/32 路作为一次群为例)的标准速率 8448(kb/s)＞2048 ×4＝8192(kb/s)。其他高次群复接速率也存在类似问题。这些多出来的码元是用来解决帧同步、业务联络以及控制等问题的。

5.2.1　同步复接

同步复接

由于被复接的支路信号并非来自同一地方，即各支路信号的传输距离是不相同的，各支路信号到达复接设备时，其相位不能保持一致。为了能按要求的时间排列各支路信号，在复接之前设置缓冲存储器，以便调整各支路信号的相位；另外，为了接收端能正常接收各支路信号以及分接的需要，各支路在复接时还应插入一定数量的帧同步码、告警码和业务码。这样复接后的速码率就不是原来的 4 个支路合起来的速码率之和，所以每个支路在同步复接前先进行正码速率调整，调整到较高的同一速码率再进行同步复接。

例如，图 5－5 所示的 PCM 二次群同步复接器、分接器框图，总时钟产生频率为

8448 kb/s的时钟信号。由图 5-5 可以看出，同步复接器主要由 4 个部分组成。

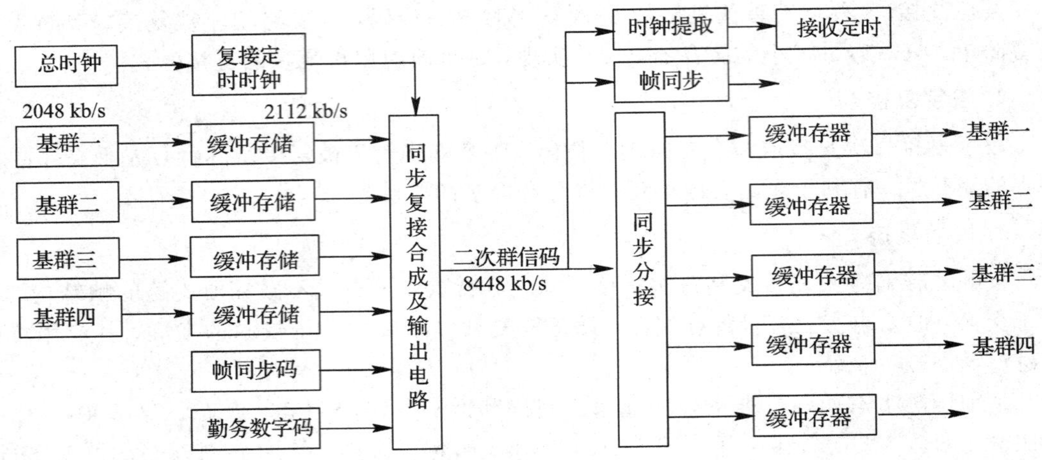

图 5-5 PCM 二次群同步复接器、分接器框图

(1) 定时时钟部分：它产生收、发端所需要的时钟及其他定时脉冲，使设备按一定时序工作。

(2) 码速调整和恢复部分：收、发两端各由 4 个缓冲存储器完成码速调整功能，在发端把 2048 kb/s 的基群信码调整为 2112 kb/s 的信码，在收端把 2112 kb/s 的信码恢复成 2048 kb/s 的基群信码，原理如图 5-6 所示。

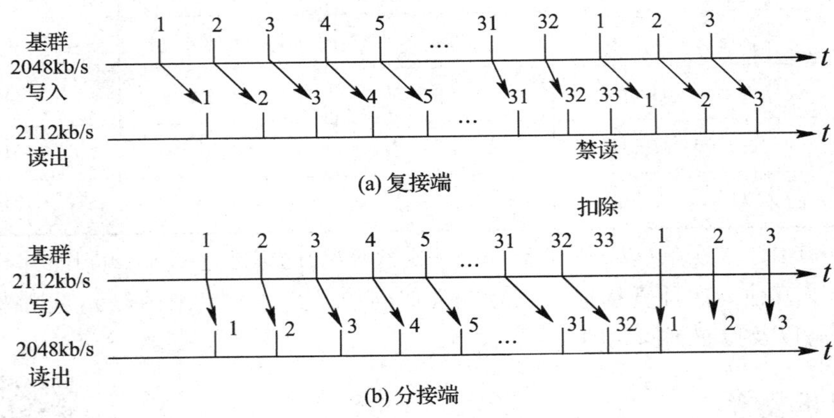

图 5-6 同步复接码速调整及恢复原理图

(3) 帧同步部分：它的作用是保证收、发两端保持帧同步，使分接端能正确分接。

(4) 业务码产生、插入和检出部分：用于业务联络和监测，以保证发端插入调整码，接收端消插的正常进行。4 个一次群经过复接后，之所以速率不是 2048×4=8192 kb/s，是因为在对基群进行复接的过程中加入了一些调整码，使得基群的速率由 2048 kb/s 变为 2112 kb/s，故复接后的速率变成了 2112×4=8448 kb/s。

根据不同传输介质的传输能力和电路情况，在数字通信中将数字流比特率划分为不同等级，其计量基本单元为一路 PCM 信号的比特率 8000(Hz)×8(bit)=64 kb/s(零次群)。

5.2.2　异步复接

4 个支路(PCM 一次群)进行复接时，由于 4 个支路有各自的时钟，虽然它们的标称速码率都是 2048 kb/s，但他们的瞬时速码率为 2048 kb/s±100 b/s。对这样异源基群信号进行复接称异步复接。同步复接的复用效率高，插入的备用码都配有用途，而且复接中几乎不存在相位抖动等复接损伤，但是同步复接需要采用网同步技术，短期内建立网同步并非轻而易举；而异步复接允许参与复接的各支路具有标称速率相同、速率的变化限制在规定范围内的独立时钟信号，因此在远程传输数字通信网中，特别是在高次群复接中，异步复接得到广泛应用。图 5-7 所示为异步复接原理框图。

异步复接

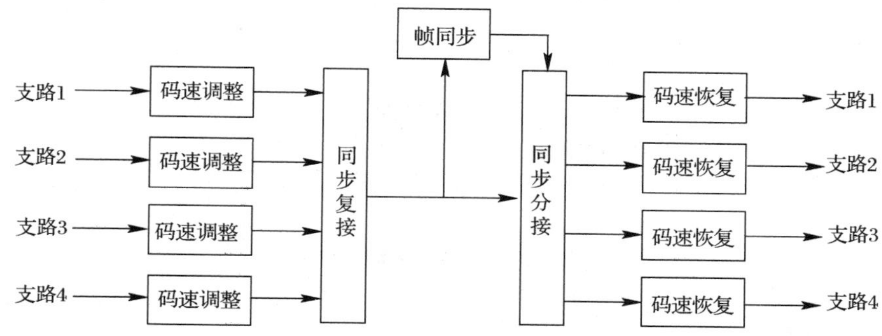

图 5-7　异步复接原理框图

在发送端，首先必须分别对各输入支路的异步数字流进行码速调整，变成相互同步的数字流，然后进行同步复接；在接收端，首先进行同步分离，然后把各同步数字流分别进行码速恢复，复原为异步数字流。

异步复接与同步复接的区别在于：前者各低次群的时钟速率不一定相等，因而在复接时先要进行码速调整，使各低次群同步后再复接；后者先要进行相位调整，复接时还要加入帧同步码、对端告警码等码元，这样数码率就要增加，也需要码速变换。前者经码速调整后的复接就变为同步复接了，其码速调整及恢复原理如图 5-8 所示。

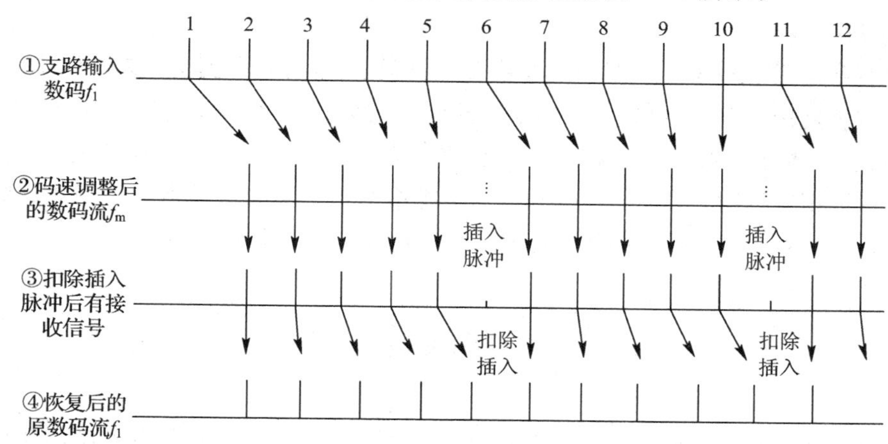

图 5-8　异步复接码速调整及恢复原理图

下面介绍码速调整。

1）正码速调整

正码速调整就是将被复接的低次群的码速都调高，使其同步到某一规定的较高的码速上。其调整原理如图 5－9 所示。

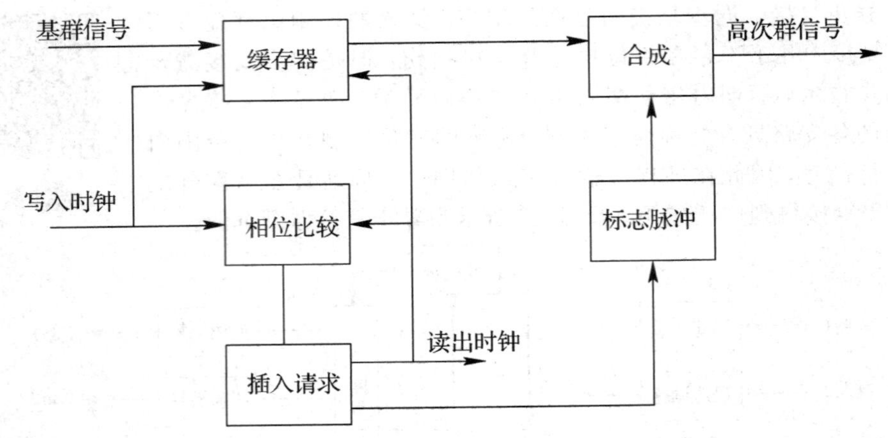

图 5－9　正码速调整原理图

发送端：

① 支路信号码流以 f_L 速率写入缓存器，以 f'_m 速率读出，当 $f'_m > f_L$ 时为正码速调整，因为读快于写，所以存在取空现象；

② 一旦缓存器的存储量减小到门限值，插入一个非信息码元；

③ 各支路的速率均调整到指定的速率，达到各支路同步，然后进行复接。

接收端：

① 通过码流提取时钟信号；

② 由插入脉冲检出电路测出插入脉冲后，发出去插命令，使写入时钟停止输出一次；

③ 恢复原来支路信号的速率。

2）负码速调整

负码速调整与正码速调整的基本原理是一样的，不同点仅为同步复接时钟 f'_m 取值不同。由于同步复接时钟的标称值 f'_m 小于支路时钟的标称值 f_L，这时写入速率大于读出速率，如果不采取措施，缓冲器中存储的信息将越来越多，最后发生“溢出”现象，从而丢失信息。为保证正常传输，必须提供额外的通道把多余的信息送到接收端，也就是要在适当的时候多读一位，这与正码速调整刚好相反，故称为负码速调整。

5.3　同步技术

同步是指通信系统的收、发双方在时间上步调一致，又称定时。由于通信的目的就是使不在同一地点的各方之间能够通信联络，故在通信系统尤其是数字通信系统以及采用相干解调的模拟通信系统中，同步是一个十分重要的问题。只有收、发两端协调工作，系统才有可能真正实现通信功能。可以说，整个通信系统工作正常的前提就是同步系统正常，同步质量的好坏对通信系统的性能指标起着至关重要的作用。

同步的种类很多，按照同步的功能来分，数字通信系统中的同步分为载波同步、位同步(码元同步)、帧同步和网同步四种，下面分别介绍。

5.3.1　载波同步技术

当采用同步解调或者相干检测时，接收端需要提供一个与发射端调制载波同频同相的相干载波，而这个相干载波的获取就称为载波同步(载波提取)。

载波同步的方法通常有直接法(自同步法)和插入导频法(外同步法)两种。

直接法又可分为非线性变换——滤波法和特殊锁相环法。特殊锁相环具有从已调信号中消除调制和滤除噪声的功能，所以能鉴别接收已调信号中被抑制了的载波分量与本地VCO输出信号之间的相位误差，从而恢复出相应的相干载波。通常采用的特殊锁相环有同相—正交环、逆调制环、判决反馈环和基带数字处理载波跟踪环等。

插入导频法也可以分为两种：一种是在频域插入，即在发送信息的频谱中或频带外插入相关的导频；另一种是在时域插入，即在一定的时段上传送载波信息。

对载波同步的要求是发送载波同步信息所占的功率尽量小，频带尽量窄。载波同步的具体实现方案与采用的数字调制方式有一定的关系。也就是说，具体采用哪一种载波同步方式，应视具体的调制方式而定。

1. 插入导频法(外同步法)

插入导频法分为两种：一种是在发送信息的频谱中或频带外插入相关的导频信号，称为频域插入导频法；另外一种是在一定时间段上传送载波信息，称为时域插入导频法。

1) 频域插入导频法

抑制载波的通信系统无法从接收信号直接提取载波，例如DSB信号、2PSK信号、VSB信号和SSB信号等。这些信号本身不含载频或含有载频不易取出，对于这些信号可以用频域插入导频法。频域插入导频是在已调信号的频谱中再加入一个低功率信号的频谱(其对应的正弦波即为导频信号)。在接收端可以利用窄带滤波器把它提取出来，经过适当的处理形成接收端的相干载波。频域插入导频的方法很多，但基本原理都是相似的。频域插入导频的位置应该信号频谱为零，否则导频与信号频谱成分重叠，接收时不易取出。下面分两种情况讨论。

(1) 模拟调制信号。

对于DSB和SSB这样的模拟调制信号，在载频 f_c 附近信号频谱为零，就可以插入导频，这时插入的导频对信号的影响最小。

(2) 数字调制信号。

对于2PSK和2DPSK等数字调制信号，在载波 f_c 附近的频谱不但有，而且比较大。对于这样的信号，在调制之前先对基带信号进行相关编码，经双边带调制后，在 f_c 附近的频谱分量很小，且没有离散谱，这样可以在 f_c 处插入频率为 f_c 的导频，如图 5-10 所示。

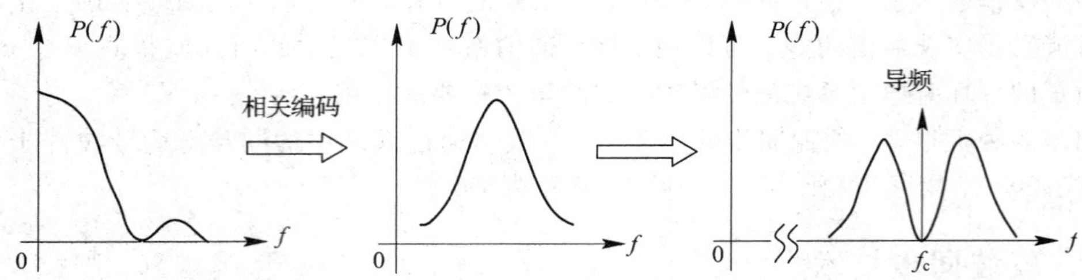

图 5-10 数字信号的导频插入方式(只考虑正向频谱)

由图 5-10 可以看出，插入的导频与传输的上下边带不是重叠的，接收端易通过窄带滤波器提取导频作为相干载波。插入的导频并不是加在调制器的载波，而是将该载波移相90°后的“正交载波”，其波形如图 5-11(a)所示，插入导频的发送端、接收端框图如图 5-11(b)、(c)所示。

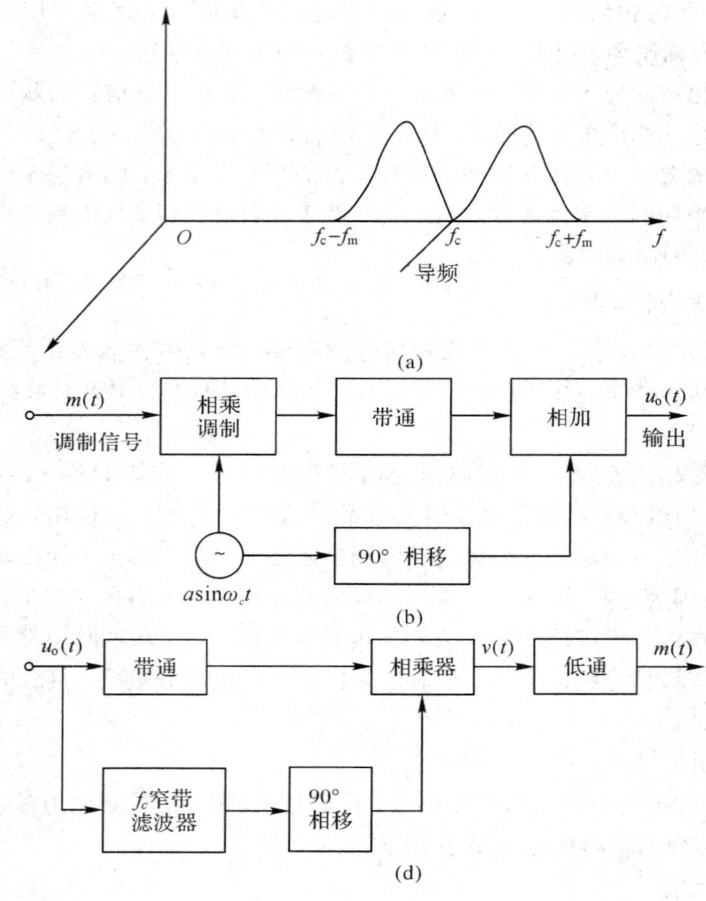

图 5-11 导频插入波形与发送端、接收端框图

2) 时域插入导频法

除了在频域插入导频的方法以外，还可以在时域插入导频以传送和提取同步载波。时域插入导频法中对被传输的数据信号和导频信号在时间上加以区别，具体分配情况如图

5－12(a)所示。在每一帧中，除了包含一定数目的数字信息外，在 $t_0 \sim t_1$ 的时隙内传送位同步信号，在 $t_1 \sim t_2$ 的时隙内传送帧同步信号，在 $t_2 \sim t_3$ 的时隙内传送载波同步信号，而在 $t_3 \sim t_4$ 时间内才传送数字信息。这种时域插入导频方式，只是在每帧的一小段时间内才作为载频标准，其余时间是没有载频标准的。

在接收端用相应的控制信号将载频标准取出以形成解调用的同步载波。但是由于发送端发送的载波标准是不连续的，在一帧内只有很少一部分时间存在，因此如果用窄带滤波器取出这个间断的载波是不能应用的。对于这种时域插入导频方式的载波提取往往采用锁相环路，其框图如图 5－12(b)所示。在锁相环中，压控振荡器的自由振荡频率应尽量和载波标准频率相等，而且要有足够的频率稳定度，鉴相器每隔一帧时间与由门控信号取出的载波标准比较一次，并通过它去控制压控振荡器。当载频标准消失后，压控振荡器具有足够的同步保持时间，直到下一帧载波标准出现时再进行比较和调整。适当地设计锁相环，就可以使恢复的同步载波的频率和相位的变化控制在允许的范围以内。

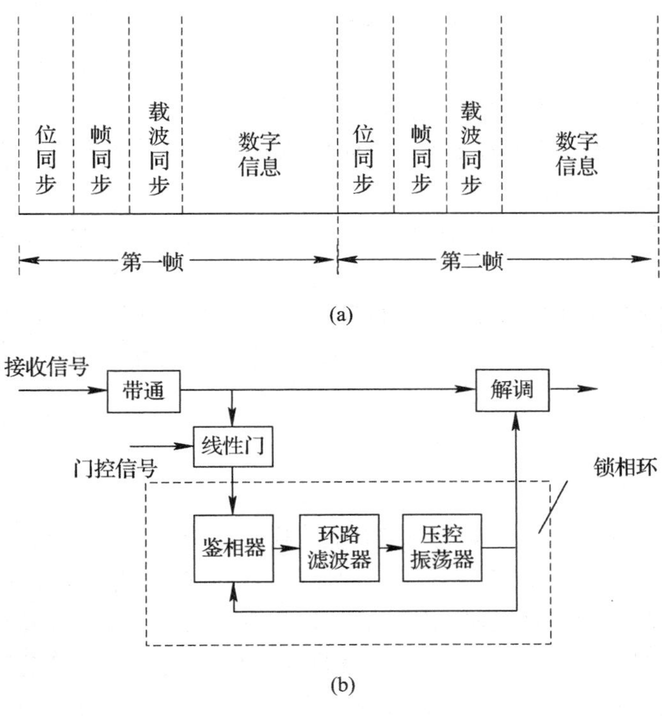

图 5－12　时域插入导频法

2. 直接法

有些信号(抑制载波的双边带信号等)虽然本身不包含载波分量，但对该信号进行某些非线性变换以后，就可以直接从中提取出载波分量，这就是直接法提取同步载波的方法。

3. 载波同步系统的性能指标

载波同步系统的性能指标主要包括：效率、精度(相位误差)、同步建立时间和同步保持时间。

（1）效率。为获得同步，载波信号应尽量少占用发送功率，在这方面直接法由于不需要专门发送导频，因此效率高，而插入导频法由于插入导频要消耗一部分发送功率，因此效率要低一些。

（2）精度（相位误差）。精度是指提取的同步载波与载波标准比较，他们之间的相位误差大小。例如需要的同步载波为 $\cos\omega_c t$，提取的同步载波为 $\cos(\omega_c t+\Delta\varphi)$，$\Delta\varphi$ 就是相位误差，相位误差 $\Delta\varphi$ 应尽量小。通常习惯地将这种误差分为稳态相位误差和随机相位误差。

（3）同步建立时间 t_s。对 t_s 的要求是越短越好，这样同步建立得快。

（4）同步保持时间 t_c。对 t_c 的要求是越长越好，这样一旦建立同步以后可以保持较长的时间。

4. 两种载波同步方法的比较

（1）直接法的优缺点：

① 不占用导频功率，信噪比可以大一些。

② 可以防止插入导频法中导频和信号间由于滤波不好而引起的相互干扰，也可以防止信道不理想引起导频相位的误差。

③ 有的调制系统不能用直接法（如 SSB 系统）。

（2）插入导频法的优缺点：

① 有单独的导频信号，一方面可以提取同步载波，另外一方面可以利用它作为自动增益控制。

② 有些不能用直接法提取同步载波的调制系统只能用插入导频法。

③ 插入导频法要多消耗一部分不带信息的功率。与直接法比较，在总功率相同的条件下实际信噪比要小一些。

5.3.2 位同步

位同步又称为码元同步。不论是基带传输，还是频带传输都需要位同步。因为在数字通信系统中，信息是一串相继的信号码元的序列，解调时常需要知道每个码元的起止时刻，以便判决。例如用取样判决器对信号进行取样判决时，均应对准每个码元最大值的位置。因此，需要在接收端产生一个“码元定时脉冲序列”，这个定时脉冲序列的重复频率要与发送端的码元速率相同，相位（位置）要对准最佳取样判决位置（时刻）。这样的一个码元定时脉冲序列称为“位同步脉冲”（或“码元同步脉冲”），而把位同步脉冲的获取称为位同步提取。

位同步是指在接收端的基带信号中提取码元定时的过程。它与载波同步有一定的相似和区别。载波同步是相干解调的基础，不论模拟通信还是数字通信，只要是采用相干解调都需要载波同步，而基带传输时没有载波同步问题；所提取的载波同步信息是载频为 f_c 的正弦波，要求它与接收信号的载波同频同相。实现方法有插入导频法和直接法（自同步法）。

位同步

位同步是正确取样判决的基础，只有数字通信才需要，并且不论基带传输还是频带传输都需要位同步。所提取的位同步信息是频率等于码速率的定时脉冲，相位则根据判决时信号波形决定，可能在码元中间，也可能在码元终止时刻或其他时刻。

1. 插入导频法

这种方法与载波同步时的插入导频法类似，也是在基带信号频谱的零点处插入所需的位定时导频信号，如图 5-13 所示。其中，图(a)为常见的双极性不归零基带信号的功率谱，插入导频的位置是 $1/T_b$ 处；图(b)表示经某种相关变换的基带信号，其谱的插入导频应在 $1/(2T_b)$处。

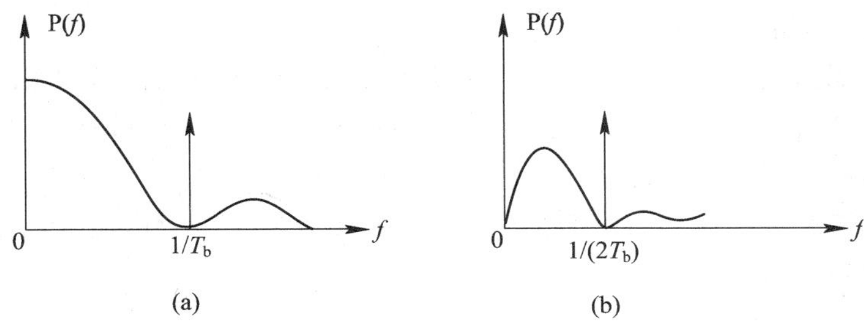

图 5-13 插入导频法频谱图

在接收端，对图 5-13(a)的情况，经中心频率为 $1/T_b$ 的窄带滤波器，就可从解调后的基带信号中提取出位同步所需的信号，这时，位同步脉冲的周期与插入导频的周期一致；对图 5-13(b)的情况，窄带滤波器的中心频率应为 $1/(2T_b)$，所提取的导频需经倍频后，才得所需的位同步脉冲。

图 5-14 为插入位定时导频系统框图，它对应于图 5-13(b)所示的情况。发端插入的导频为 $1/(2T_b)$，接收端在解调后设置了 $1/(2T_b)$窄带滤波器，其作用是取出位定时导频。

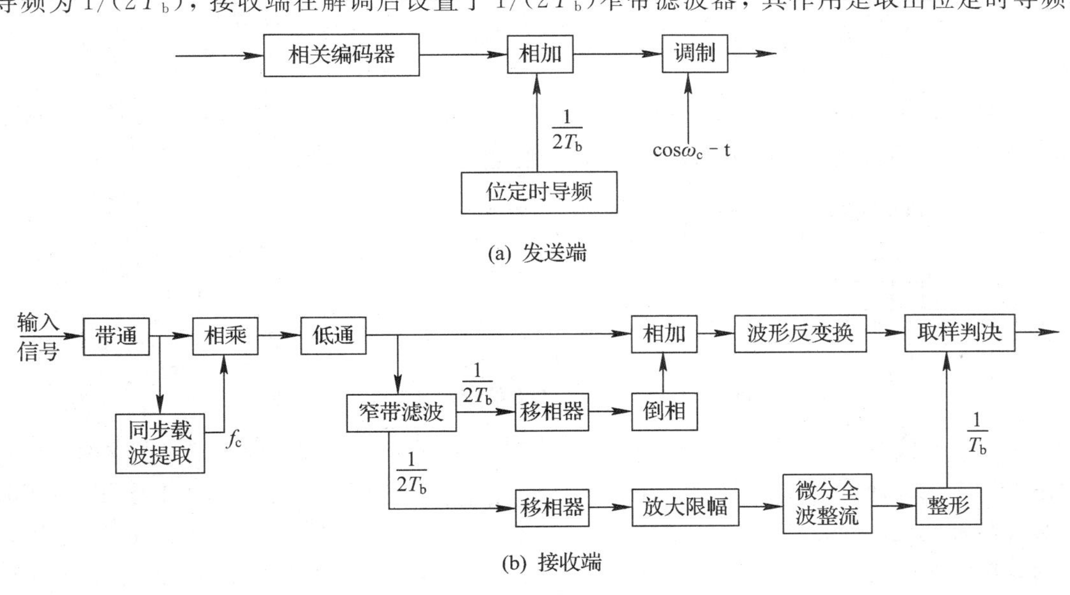

图 5-14 插入位定时导频系统框图

移相、倒相和相加电路是为了从信号中消去插入导频，使进入取样判决器的基带信号没有插入导频。这样做是为了避免插入导频对取样判决的影响。与插入载波导频法相比，它们消除插入导频影响的方法各不相同，载波同步中采用正交插入，而位同步中采用反向相消的办法。这是因为载波同步在接收端进行相干解调时，相干解调器有很好的抑制正交载波的能力，它不需另加电路就能抑制正交载波，因此载波同步采用正交插入。而位定时导频是在基带加入，它没有相干解调器，故不能采用正交插入。为了消除导频对基带信号取样判决的影响，位同步采用了反相相消。

此外，由于窄带滤波器取出的导频为 $1/(2T_b)$，图中微分全波整流起到了倍频的作用，产生与码元速率相同的位定时信号 $1/T_b$。图中两个移相器都是用来消除窄带滤波器等引起的相移，这两个移相器可以合用。

另一种导频插入的方法是包络调制法。这种方法是用位同步信号的某种波形对移相键控或移频键控这样的恒包络数字已调信号进行附加的幅度调制，使其包络随着位同步信号波形变化。在接收端只要进行包络检波，就可以形成位同步信号。

除了以上两种在频域内插入位同步导频之外，还可以在时域内插入，其原理与载波时域插入方法类似。

2. 自同步法

当系统的位同步采用自同步方法时，发端不需要专门发生导频信号，而直接从数字信号中提取位同步信号，这种方法在数字通信系统中经常采用。自同步法又可以分为滤波法和锁相法。

1）*滤波法*

(1) 波形变换。不归零的随机二进制序列，不论是单极性还是双极性的，当 $P(0)=P(1)=1/2$ 时，都没有 $f_b=1/T_b$、$f_b=2/T_b$ 等线谱，因而不能直接滤出 $f_b=1/T_b$ 的位同步信号分量。但是，若对该信号进行某种变换，例如变成归零的单极性脉冲，其谱中含有 $f_b=1/T_b$ 的分量，然后用窄带滤波器取出该分量，再经移相调整后就可形成位定时脉冲。

这种方法的原理图如图 5-15 所示。它的特点是先形成含有位同步信息的信号，再用滤波器将其取出。图中的波形变换电路可以用微分、整流来实现。

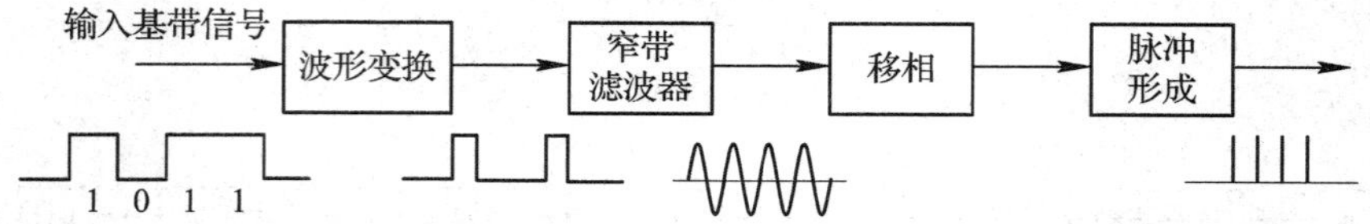

图 5-15　滤波法原理图

(2) 包络检波。这是一种从频带受限的中频 PSK 信号中提取位同步信息的方法，其波形图如图 5-16 所示。当接收端带通滤波器的带宽小于信号带宽时，使频带受限的 2PSK 信号在相邻码元相位反转点处形成幅度的“陷落”。经包络检波后得到图 5-16(b)所示的波形，它可看成是一直流与图 5-16(c)所示的波形相减，而图(c)波形是具有一定脉冲形状的归零脉冲序列，含有位同步的线谱分量，可用窄带滤波器取出。

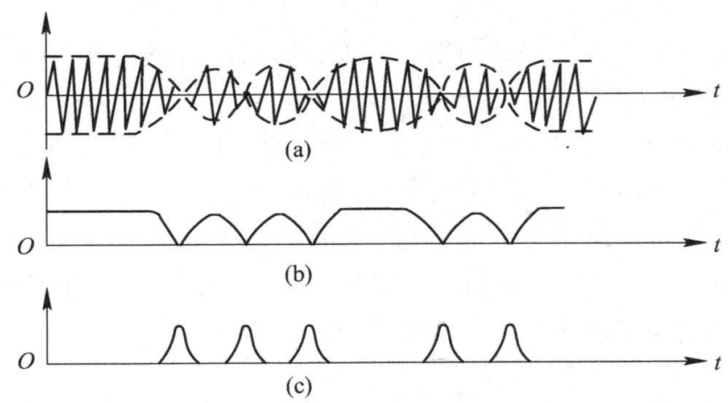

图 5－16　从 2PSK 信号中提取位同步信息波形图

2）锁相法

位同步锁相法的基本原理与载波同步的类似，在接收端利用鉴相器比较接收码元和本地产生的位同步信号的相位，若两者相位不一致（超前或滞后），鉴相器就产生误差信号去调整位同步信号的相位，直至获得准确的位同步信号为止。采用锁相环来提取位同步信号的方法称为锁相法，通常分两类：一类是环路中误差信号去连续地调整位同步信号的相位，属于模拟锁相法；另一类是采用高稳定度的振荡器（信号钟），从鉴相器所获得的与同步误差成比例的误差信号不直接用于调整振荡器，而是通过一个控制器在信号钟输出的脉冲序列中附加或扣除一个或几个脉冲，这样同样可以调整加到鉴相器上的位同步脉冲序列的相位，达到同步的目的。这种电路可以完全用数字电路构成全数字锁相环路。由于这种环路对位同步信号相位的调整不是连续的，而是存在一个最小的调整单位，也就是说对位同步信号相位进行量化调整，故这种位同步环又称为量化同步器。构成量化同步器的全数字环是数字锁相环的一种典型应用。

位同步的全数字锁相环的原理框图如图 5－17 所示，它由信号钟（位同步脉冲）、或门、分频器、相位比较器等组成。其中信号钟包括一个高稳定度的振荡器（晶体）和整形电路。若接收码元的速率为 $F=1/T_b$，那么振荡器频率设定在 nF，经整形电路之后，输出周期性脉冲序列，其周期 $T_0=1/nF=T_b/n$。控制器包括图中的扣除门（常开）、附加门（常闭）和或门，它根据相位比较器输出的控制脉冲（“超前脉冲”或“滞后脉冲”）对信号钟输出的序列实施扣除（或添加）脉冲。分频器是一个计数器，每当控制器输出 n 个脉冲时，它就输出一个脉冲。

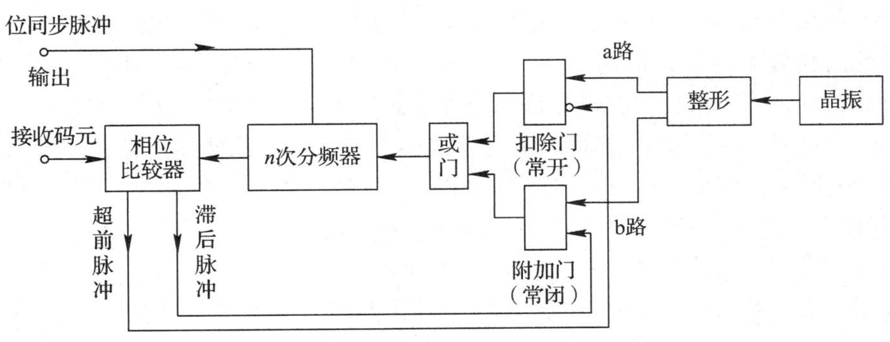

图 5－17　全数字锁相环原理框图

控制器与分频器共同作用的结果调整了加至相位比较器的位同步信号的相位。这种相位前、后移的调整量取决于信号钟的周期，每次的时间阶跃量为 T_0，相应的相位最小调整量为 $\Delta=2\pi T_0/T_b=2\pi/n$。

相位比较器将接收脉冲序列与位同步信号进行相位比较，以判别位同步信号究竟是超前还是滞后，若超前就输出超前脉冲，若滞后就输出滞后脉冲。位同步数字环的工作过程简述如下：由高稳定晶体振荡器产生的信号，经整形后得到周期为 T_0 和相位差为 $T_0/2$ 的两个脉冲序列，如图 5－18 (a)、(b)所示。脉冲序列(图 5－18(a)中)通过常开门、或门并经 n 次分频后，输出本地位同步信号，如图 5－18(c)所示。

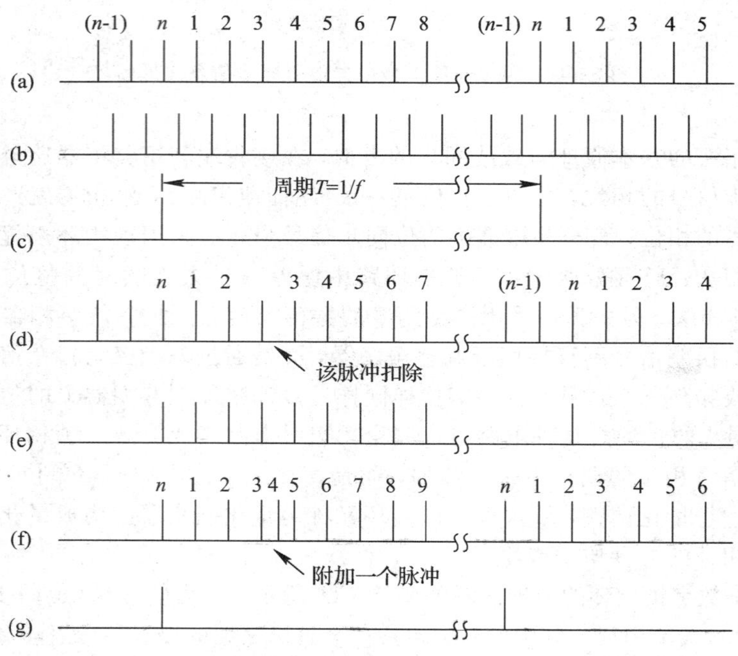

图 5－18　位同步脉冲的相位调整

为了与发端时钟同步，分频器输出与接收到的码元序列同时加到相位比较器进行比相。如果两者完全同步，此时相位比较器没有误差信号，本地位同步信号作为同步时钟。如果本地位同步信号相位超前于接收码元序列时，相位比较器输出一个超前脉冲加到常开门(扣除门)的禁止端将其关闭，扣除(图 5－18(a)中)一个路脉冲(见图 5－18(d))，使分频器输出脉冲的相位滞后 $1/n$ 周期(360°/n)，如图 5－18(e)所示。如果本地同步脉冲相位滞后于接收码元脉冲时，相位比较器输出一个滞后脉冲去打开“常闭门(附加门)”，使脉冲序列(图 5－18(b))中的一个脉冲能通过此门及或门。正因为两脉冲序列(图 5－18(a))和(图 5－18(b))相差半个周期，所以脉冲序列(图 5－18(b))中的一个脉冲能插到“常开门”输出脉冲序列(图 5－18(a))中(见图5－18(f))，使分频器输入端附加了一个脉冲，于是分频器的输出相位就提前 $1/n$ 周期，如图 5－18(g)所示。

经过若干次调整后，使分频器输出的脉冲序列与接收码元序列达到同步的目的，即实现了位同步。根据接收码元基准相位的获得方法和相位比较器的结构不同，位同步数字锁相环又分微分整流型数字锁相环和同相正交积分型数字锁相环两种。这两种环路的区别仅仅是基准相位的获得方法和鉴相器的结构不同，其他部分工作原理相同。

3）数字锁相环抗干扰性能的改善

在前面的数字锁相法电路中，由于噪声的干扰，使接收到的码元转换产生随机抖动甚至产生虚假的转换，相应在鉴相器输出端就有随机的超前或滞后脉冲，这导致锁相环进行不必要的来回调整，引起位同步信号的相位抖动。仿照模拟锁相环鉴相器后加有环路滤波器的方法，在数字锁相环鉴相器后加入一个数字滤波器。插入数字滤波器的作用就是滤除这些随机的超前、滞后脉冲，提高环路的抗干扰能力。这类环路常用的数字滤波器有 N 先于 M 滤波器和随机徘徊滤波器两种。

N 先于 M 滤波器如图 5－19(a)所示，它包括一个计超前脉冲数和一个计滞后脉冲数的 N 计数器，超前脉冲或滞后脉冲还通过或门加于一 M 计数器(所谓 N 或 M 计数器，就是当计数器置“0”后，输入 N 或 M 个脉冲，该计数器输出一个脉冲)。选择 N＜M＜2N，无论哪个计数器计满，都会使所有计数器重新置“0”。

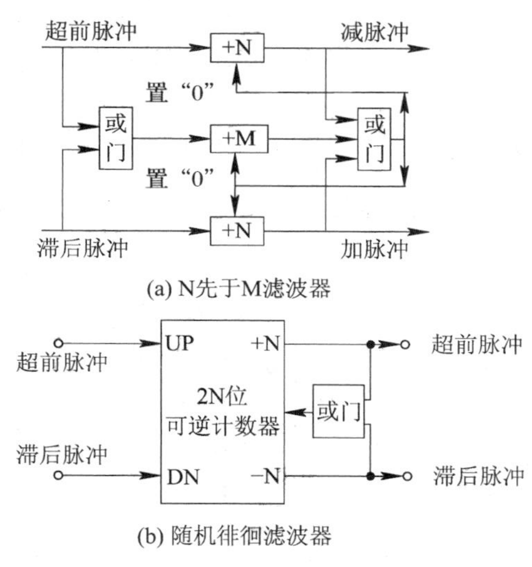

(a) N先于M滤波器

(b) 随机徘徊滤波器

图 5－19　同相正交积分型鉴相器

当鉴相器送出超前脉冲或滞后脉冲时，滤波器并不马上将它送去进行相位调整，而是分别对输入的超前脉冲(或滞后脉冲)进行计数。如果两个 N 计数器中的一个，在 M 计数器计满的同时或未计满前就计满了，则滤波器就输出一个“减脉冲”(或“加脉冲”)控制信号去进行相位调整，同时将三个计数器都置“0”(即复位)，准备再对后面的输入脉冲进行处理。如果是由于干扰的作用，使鉴相器输出零星的超前或滞后脉冲，而且这两种脉冲随机出现，那么，当两个 N 计数器的任何一个都未计满时，M 计数器就很可能已经计满了，并将三个计数器又置“0”，因此滤波器没有输出，这样就消除了随机干扰对同步信号相位的调整。

随机徘徊滤波器如图 5－19(b)所示，它是一个既能进行加法计数又能进行减法计数的可逆计数器。当有超前脉冲(或滞后脉冲)输入时，触发器(未画出)使计数器接成加法(或减法)状态。如果超前脉冲超过滞后脉冲的数目达到计数容量 N 时，就输出一个“减脉冲”控制信号，通过控制器和分频器使位同步信号相位后移。反之，如果滞后脉冲超过超前脉冲的数目达到计数容量 N 时，就输出一个“加脉冲”控制信号，调整位同步信号相位前移。在进入同步之后，没有因同步误差引起的超前或滞后脉冲进入滤波器，而噪声抖动则是正负对称的，由它引起的随机超前、滞后脉冲是零星的，不会是连续多个的。因此，随机超前与滞后脉冲之差数达到计数容量 N 的概率很小，滤波器通常无输出。这样一来就滤除了这些零星的超前、滞后脉冲，即滤除了噪声对环路的干扰作用。

上述两种数字式滤波器的加入的确提高了锁相环抗干扰能力，但是由于它们应用了累计计数，输入 N 个脉冲才能输出一个加(或减)控制脉冲，必然使环路的同步建立过程加长。可见，提高锁相环抗干扰能力(希望 N 大)与加快相位调整速度(希望 N 小)是一对矛盾。为了缓和这一对矛盾，缩短相位调整时间，可如图 5-20 缩短相位调整时间。当输入连续的超前(或滞后)脉冲多于 N 个后，数字式滤波器输出一超前(或滞后)脉冲，使触发器 C_1(或 C_2)输出高电平，打开与门 1(或与门 2)，输入的超前(或滞后)脉冲就通过这两个与门加至相位调整电路。如鉴相器这时还连续输出超前(或滞后)脉冲，那么，由于这时触发器的输出已使与门打开，这些脉冲就可以连续地送至相位调整电路，而不需再待数字式滤波器计满 N 个脉冲后才能再输出一个脉冲，这样就缩短了相位调整时间。对随机干扰来说，鉴相器输出的是零星的超前(或滞后)脉冲，这些零星脉冲会使触发器置“0”，这时整个电路的作用就和一般数字式滤波器的作用类同，仍具有较好的抗干扰性能。

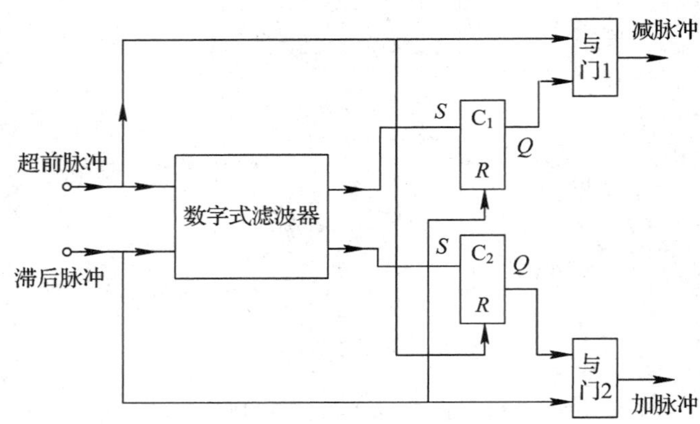

图 5-20　缩短相位调整时间原理图

3. 位同步系统的性能及其相位误差对性能的影响

与载波同步系统相似，位同步系统的性能指标主要有相位误差、同步建立时间、同步保持时间及同步带宽等。下面结合数字锁相环介绍这些指标，并讨论相位误差对误码率的影响。

位同步系统的相位误差对性能的影响：

1) 相位误差 θ_e

位同步信号的平均相位和最佳相位之间的偏差称为静态相差。对于数字锁相法提取位同步信号而言，相位误差主要是由于位同步脉冲的相位在跳变地调整所引起的。每调整一步，相位改变 $2\pi/n$(对应时间 T_b/n)，n 是分频器的分频次数，故最大的相位误差为

$$q=\frac{360^\circ}{n}$$

若用时间差 T_e 来表示相位误差，因每码元的周期为 T_b，故得

$$T_e = \frac{T_b}{n}$$

2）同步建立时间 t_s

同步建立时间是指开机或失去同步后重新建立同步所需的最长时间。由前面分析可知，当位同步脉冲相位与接收基准相位差 π(对应时间 $T_b/2$)时，调整时间最长。这时所需的最大调整次数为

$$N = \frac{p}{\frac{2p}{n}} = \frac{n}{2}$$

由于接收码元是随机的，对二进制码而言，相邻两个码元(01、10、11、00)中，有或无过零点的情况各占一半。

我们在前面所讨论的两种数字锁相法中都是从数据过零点中提取作比相用的基准脉冲的，因此平均来说，每两个脉冲周期($2T_b$)可能有一次调整，所以同步建立时间为 $t_s = 2T_bN = nT_b$。

3）同步保持时间 t_c

当同步建立后，一旦输入信号中断，或出现长连"0"、连"1"码时，锁相环就失去调整作用。由于收发双方位定时脉冲的固有重复频率之间总存在频差 ΔF，收端同步信号的相位就会逐渐发生漂移，时间越长，相位漂移量越大，直至漂移量达到某一准许的最大值，就算失去同步了。由同步到失步所需要的时间，称为同步保持时间。

4）同步带宽

同步带宽是指位同步频率与码元速率之差。若这个频差超过一定的范围，就无法使接收端位同步脉冲的相位与输入信号的相位同步。从对系统性能要求来说，同步带宽越小越好。

5.3.3　帧同步

数字通信中的信息数字流，总是用若干码元组成一个"字"，又用若干"字"组成一"句"。因此，在接收这些数字流时，同样也必须知道这些"字"、"句"的起止时刻。而在接收端产生与"字"、"句"起止时刻相一致的定时脉冲序列，就被称为"字"同步和"句"同步，统称为帧同步。数字通信中，一般总是以若干个码元组成一个字，若干个字组成一句，即组成一个个的"帧"进行传输。帧同步的任务就是在位同步的基础上识别出这些数字信息群(字、句、帧)"开头"和"结尾"的时刻，使接收设备的帧定时与接收到的信号中的帧定时处于同步状态。实现帧同步，通常采用的方法是起止式同步法和插入特殊同步码组的同步法。而插入特殊同步码组的方法有两种：一种为连贯插入法，另一种为间隔插入法。

帧同步

1. 起止式同步法

数字电传机中广泛使用的是起止式同步法。在电传机中，常用的是五单位码。为标志每个字的开头和结尾，在五单位码的前后分别加上 1 个单位的起码(低电平)和 1.5 个单位

的止码(高电平)，共7.5个码元组成一个字，如图5-21所示。收端根据高电平第一次转到低电平这一特殊标志来确定一个字的起始位置，从而实现字同步。这种7.5单位码(码元的非整数倍)给数字通信的同步传输带来一定困难。另外，在这种同步方式中，7.5个码元中只有5个码元用于传递消息，因此传输效率较低。

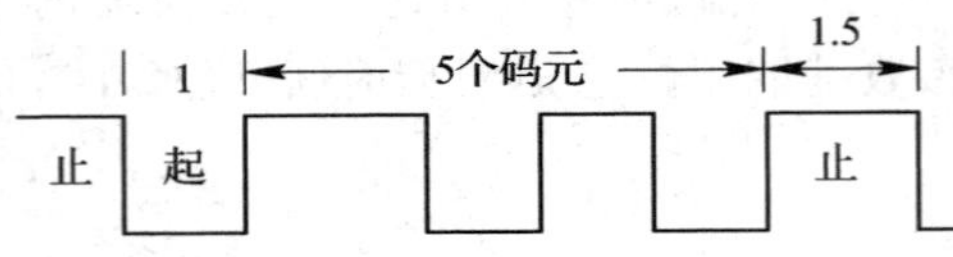

图5-21　起止同步波形

2. 连贯插入法

连贯插入法又称集中插入法。它是指在每一信息群的开头集中插入作为群同步码组的特殊码组，该码组应在信息码中很少出现，即使偶尔出现，也不可能依照群的规律周期出现。接收端按群的周期连续数次检测该特殊码组，这样便获得群同步信息。连贯插入法的关键是寻找实现帧同步的特殊码组。对该码组的基本要求是：具有尖锐单峰特性的自相关函数；便于与信息码区别；码长适当，以保证传输效率。符合上述要求的特殊码组有：全0码、全1码、1与0交替码、巴克码、电话基群帧同步码0011011。目前常用的帧同步码组是巴克码

1) 巴克码

巴克码是一种有限长的非周期序列。它的定义如下：一个n位长的码组$\{x_1, x_2, x_3, \cdots, x_n\}$，其中$x_i$的取值为$+1$或$-1$，若它的局部相关函数

$$R(j)=\sum_{i=1}^{n-j}x_1x_{i+1}=\begin{cases}n, & j=0\\ 0\text{ 或 }\pm 1, & 0<j<n\\ 0, & j\geqslant n\end{cases}$$

则称这种码组为巴克码，其中j表示错开的位数。目前已找到的所有巴克码组如表5-1所示。其中的+、-号表示x_i的取值为+1、-1，分别对应二进制码的“1”或“0”。

表5-1　巴克码组

n	巴克码组
2	++(11)
3	++-(110)
4	+++-(1110),++-+(1101)
5	+++-+(11101)
7	+++--+-(1110010)
11	+++---+--+-(11100010010)
13	+++++--++-+-+(1111100110101)

以 7 位巴克码组{+ + + − −+ −}为例，它的局部自相关函数如下：

当 $j=0$ 时，

$$R(j)=\sum_{i=1}^{7}x_i^2=1+1+1+1+1+1+1=7$$

当 $j=1$ 时，

$$R(j)=\sum_{i=1}^{6}x_i x_{i+1}=1+1-1+1-1-1=0$$

同样可求出 $j=3$，5，7 时 $R(j)=0$；$j=2$，4，6 时 $R(j)=-1$。根据这些值，利用偶函数性质，可以作出 7 位巴克码的 $R(j)$与 j 的关系曲线，如图 5-22 所示。

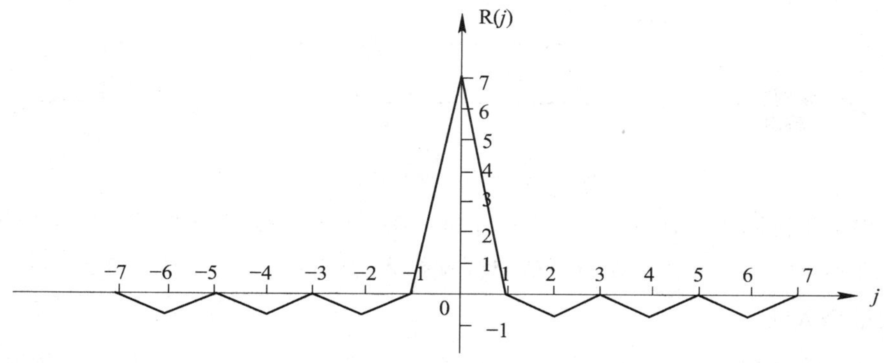

图 5-22 7 位巴克码的自相关函数

由图可见，其自相关函数在 $j=0$ 时具有尖锐的单峰特性。这一特性正是连贯式插入群同步码组的主要要求之一。

2) 巴克码识别器

仍以 7 位巴克码为例。用 7 级移位寄存器、相加器和判决器就可以组成一个巴克码识别器，如图 5-23 所示。当输入码元的“1”进入某移位寄存器时，该移位寄存器的 1 端输出电平为+1，0 端输出电平为−1。反之，进入“0”码时，该移位寄存器的 0 端输出电平为+1，1 端输出电平为−1。

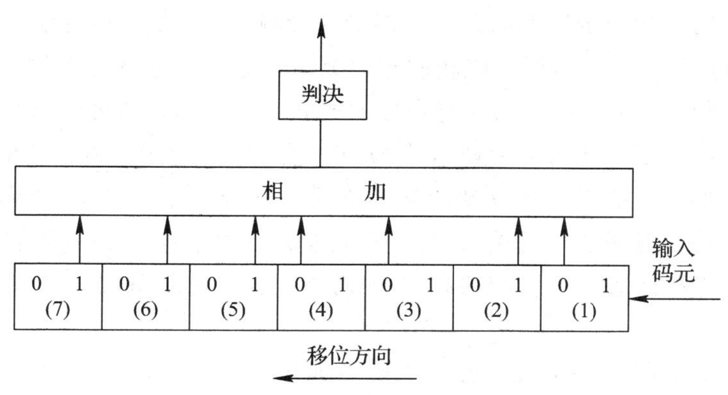

图 5-23 巴克码识别器

各移位寄存器输出端的接法与巴克码的规律一致，这样识别器实际上是对输入的巴克码进行相关运算。当一帧信号到来时，首先进入识别器的是群同步码组，只有当7位巴克码在某一时刻(如图5-24(a)中的t_1)正好已全部进入7位寄存器时，7位移位寄存器输出端都输出+1，相加后得最大输出+7，其余情况相加结果均小于+7。若判别器的判决门限电平定为+6，那么就在7位巴克码的最后一位0进入识别器时，识别器输出一个同步脉冲表示一群的开头，如图5-24(b)所示。

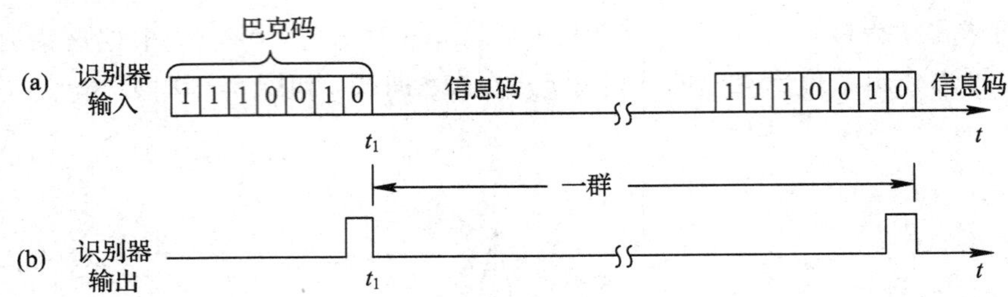

图5-24 识别器的输出波形

巴克码用于群同步是常见的，但并不是唯一的，只要具有良好特性的码组均可用于群同步，例如PCM30/32路电话基群的连贯隔帧插入的帧同步码为0011011。

3. 间隔插入法

间隔插入法又称为分散插入法，它是将群同步码以分散的形式均匀插入信息码流中。这种方式比较多地用在多路数字电路系统中，如PCM 24路基群设备以及一些简单的ΔM系统一般都采用“1”、“0”交替码型作为帧同步码间隔插入的方法。即一帧插入“1”码，下一帧插入“0”码，如此交替插入。由于每帧只插一位码，那么它与信码混淆的概率则为1/2，这样似乎无法识别同步码，但是这种插入方式在同步捕获时我们不是检测一帧两帧，而是连续检测数十帧，每帧都符合“1”、“0”交替的规律才确认同步。

分散插入的最大特点是同步码不占用信息时隙，每帧的传输效率较高，但是同步捕获时间较长，它较适合于连续发送信号的通信系统。若是断续发送信号，每次捕获同步需要较长的时间，反而降低效率。

分散插入常用滑动同步检测电路。所谓滑动检测，它的基本原理是接收电路开机时处于捕捉态，当收到第一个与同步码相同的码元，先暂认为它就是群同步码，按码同步周期检测下一帧相应位码元，如果也符合插入的同步码规律，则再检测第三帧相应位码元，如果连续检测M帧(M为数十帧)，每帧均符合同步码规律，则同步码已找到，电路进入同步状态。如果在捕捉态接收到的某个码元不符合同步码规律，则码元滑动一位，仍按上述规律周期性地检测，看它是否符合同步码规律，一旦检测不符合，又滑动一位……如此反复进行下去。若一帧共有N个码元，则最多滑动$(N-1)$位，一定能把同步码找到。

滑动同步检测可用软件实现，也可用硬件实现。软件流程图如图5-25所示。图5-26所示为硬件实现滑动检测的方框图，假设帧同步码每帧均为“1”码，N为每帧的码元个数，M为确认同步时需检测帧的个数。

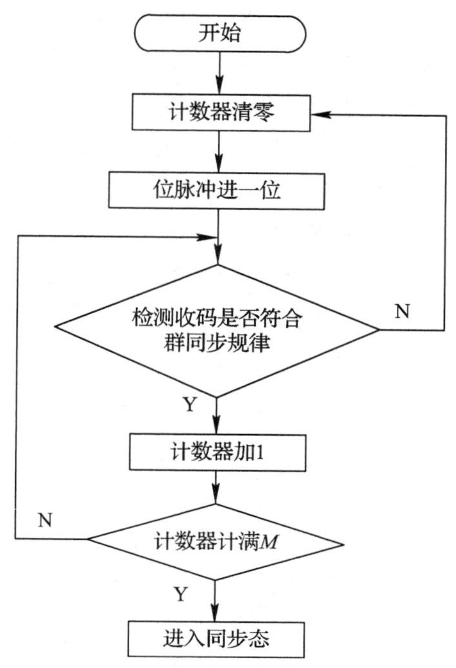

图 5-25　软件滑动同步检测流程图

图 5-26 中“1”码检测器是在本地帧同步码到来时检测信码，若信码为“1”则输出正脉冲，信码为“0”则输出负脉冲。如果本地帧码与收码中帧同步码对齐，则“1”码检测器将连续输出正脉冲，计数器计满 M 个正脉冲后输出高电位并锁定，它使与门 3 打开，本地帧码输出，系统处于同步态。如果本地帧码与收信码中帧同步尚未对齐，“1”码检测器只要检测到信码中的“0”码，便输出负脉冲，该负脉冲经非门 2 使计数器 M 复位，从而与门 3 关闭，本地帧码不输出，系统处于捕捉态。

同时非门 2 输出的正脉冲延时 T 后封锁一个位脉冲，使本地群码滑动一位，随后“1”码检测器继续检测信码，若遇“0”码，本地帧码又滑动一位，直到滑动到与信息码中群同步码对齐，并连续检验 M 帧后进入同步态。图 5-26 中帧同步码每帧均为“1”，若帧同步码为“0”、“1”码交替插入，则电路还要复杂些。

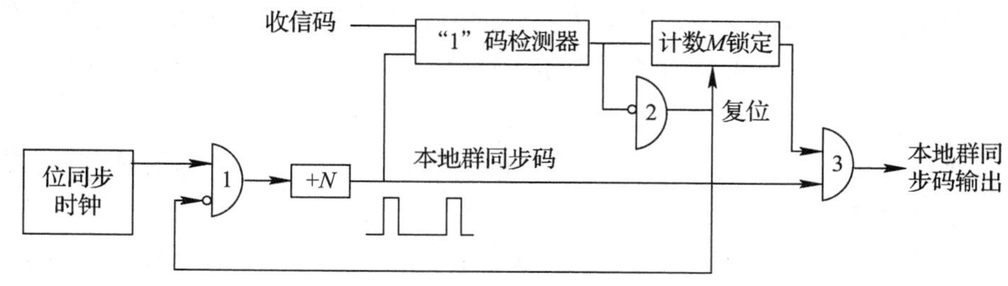

图 5-26　硬件滑动同步检测方框图

4. 帧同步系统的性能

帧同步性能主要指标是同步可靠性(包括漏同步概率 P_1 和假同步概率 P_2)及同步建立时间 t_s。下面以连贯插入法为例进行分析。

1）漏同步概率 P_1

由于干扰的影响，接收的同步码组中可能出现一些错误码元，从而使识别器漏识已发出的同步码组，出现这种情况的概率称为漏同步概率，记为 P_1。以 n 位巴克码识别器为例，设判决门限为 6，此时 7 位巴克码只要有一位码出错，7 位巴克码全部进入识别器时相加器输出由 7 变为 5，因而出现漏同步。如果将判决门限由 6 降为 4，则不会出现漏识别，这时判决器允许 7 位巴克码中有一位码出错。漏同步概率与帧同步的插入方式、帧同步码的码组长度、系统的误码概率及识别器电路和参数选取等均有关系。对于连贯式插入法，设 n 为同步码组的码元数，P_e 为码元错误概率，m 为判决器允许码组中的错误码元最大数，则 $P^r \cdot (1-P)^{n-r}$ 表示 n 位同步码组中，r 位错码和 $(n-r)$ 位正确码同时发生的概率。当 $r \leqslant m$ 时，错码的位数在识别器允许的范围内，C_m 表示出现 r 个错误的组合数，所有这些情况都能被识别器识别。

2）假同步概率 P_2

假同步是指信息的码元中出现与同步码组相同的码组，这时信息码会被识别器误认为同步码，从而出现假同步信号。发生这种情况的概率称为假同步概率，记为 P_2。

3）同步平均建立时间 t_s

对于连贯式插入法，假设漏同步和假同步都不出现，在最不利的情况下，实现帧同步最多需要一帧的时间。设每帧的码元数为 N（其中 n 位为帧同步码），每码元的时间宽度为 T_b，则一帧的时间为 NT_b。在建立同步过程中，如出现一次漏同步，则建立时间要增加 NT；如出现一次假同步，建立时间也要增加 NT，因此，帧同步的平均建立时间为 $t_s=(1+P_1+P_2)\cdot N\cdot T_b$。由于连贯插入同步的平均建立时间比较短，因而在数字传输系统中被广泛应用。

5.3.4 网同步

现代通信需要在多点之间相互连接构成通信网。在一个通信网中，往往需要把各个方向传来的信息，按不同目的进行分路、合路和交换。为了有效地完成这些功能，必须实现网同步。随着数字通信的发展，特别是计算机通信的发展，多点（或多用户）之间的通信和数据交换构成了数字通信网。为了保证数字通信网稳定可靠地进行通信和交换，整个数字通信网内必须有一个统一的时间标准，即整个网络必须同步地工作，这就是网同步需要讨论的问题。

数字同步网是电信网的三大支撑网（数字信令网、数字同步网和电信管理网）之一，它保证电信网中各节点（数字交换机）的同步运行。

实现网同步的方法主要有两大类：一类是全网同步系统，另一类是准同步系统。

1. 全网同步

全网同步方式采用频率控制系统去控制各交换站的时钟，使它们都达到同步，使它们的频率和相位均保持一致，没有滑动。采用这种方法可用稳定度低而价廉的时钟，在经济上是有利的。

1）主从同步

在通信网内设立了一个主站，它备有一个高稳定度的主时钟源，主时钟源产生的时钟将会按照图中箭头所示的方向逐站传送至网内的各站，因而保证网内各站的频率和相位都相同。由于主时钟到各站的传输线路长度不等，会使各站引入不同的时延，因此，各站都需设置时延调整电路，以补偿不同的时延，使各站的时钟不仅频率相同，相位也一致，如图 5-27 所示。

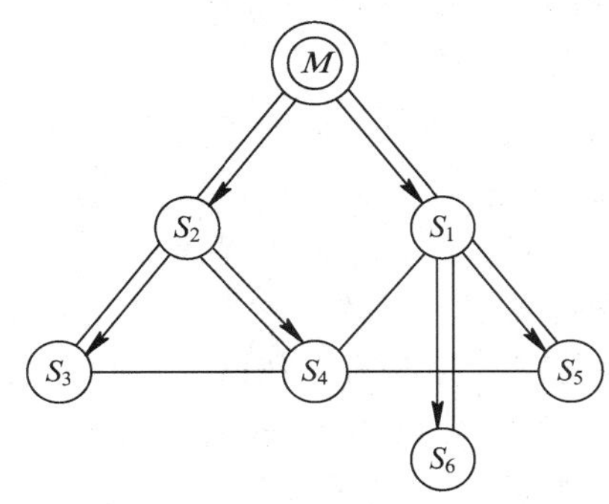

图 5-27　主从同步方式

另一种主从同步控制方式称为等级主从同步方式，如图 5-28 所示。它与前述所不同的是全网所有的交换站都按等级分类，其时钟都按照其所处的地位水平分配一个等级。在主时钟发生故障的情况下，主动选择具有最高等级的时钟作为新的主时钟。也就是说主时钟或传输信道发生故障时，则由副时钟源替代，通过图中虚线所示通路供给时钟。这种方式提高了同步系统的可靠性，但同时也带来了系统实现的复杂性。

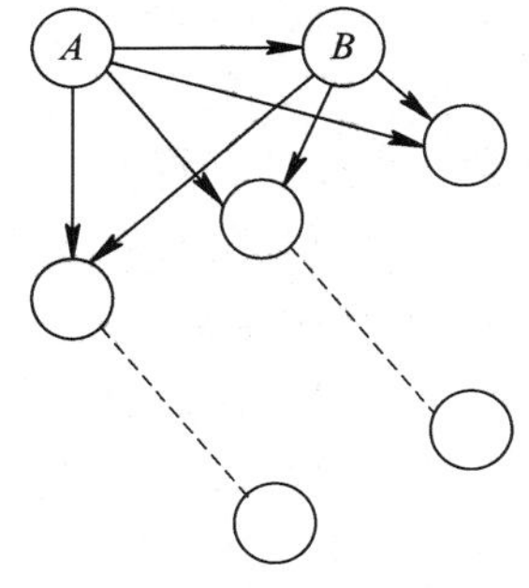

图 5-28　等级主从同步方式

2）相互同步

为了克服主从同步法过分依赖主时钟源的缺点，改进的方法是让网内各站都有自己的时钟，并把它们相互连接起来，使各站的时钟频率都锁定在各站固有频率的平均值上，这个平均值称为网频频率，从而实现网同步。

这种方法的特点是：这是一个相互控制的过程，当网中某一站发生故障时，网频频率将平滑地过渡到一个新的值。这样，除发生故障的站外，其余各站仍能正常工作，因此提高了通信网工作的可靠性。这种方法的缺点是每站的设备都比较复杂。

2. 准同步系统

准同步系统各站各自采用高稳定时钟，不受其他站的控制，它们之间的钟频允许有一定的容差。这样各站送来的信码流首先进行码速调整，使之变成相互同步的数码流，即对本来是异步的各种数码进行码速调整。码速的调整有正码速调整、负码速调整和正/负码速调整 3 种。

码速调整的主要优点是各支路可工作于异步状态，故使用灵活、方便。但时钟频率是从不均匀的脉冲序列中提出来的，因而使所提取的时钟频率有相位抖动，影响同步质量，这是码速调整法的主要缺点。

另一种方法是水库法。水库法是依靠在各交换站设置极高稳定度的时钟源和大容量的缓冲存储器，使得在很长的时间间隔内不发生“取空”或“溢出”的现象。容量足够大的存储器就像水库一样，既很难将水抽干，也很难将水库灌满。因而可用作水流量的自然调节，故称为水库法。现在来计算存储器发生一次“取空”或“溢出”现象的时间间隔 T。设存储器的位数为 $2n$，起始为半满状态，存储器写入和读出的速率之差为 $\pm\Delta f$，则有 $T=n/\Delta f$。设数字码流的速率为 f，相对频率稳定度为 s，并令 $s=|\pm\Delta f|/f$，则 $fT=n/s$。上式是水库法进行计算的基本公式。例如：设 $f=512$ kb/s，并设 $s=10^{-9}$，需要使 T 不小于 24 小时，则利用水库法基本公式可求出 $n=45$ 位。显然，这样的设备不难实现。若采用更高稳定度的振荡器，例如镓原子振荡器，其频率稳定度可达 5×10^{-11}。因此，可在更高速率的数字通信网中采用水库法作网同步。但水库法每隔一个相当长的时间总会发生“取空”或“溢出”现象，所以每隔一定时间要对同步系统校准一次。

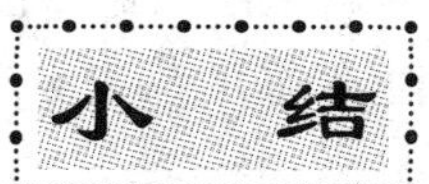

本章主要介绍了数字复接的概念、方法以及同步的概念和同步的实现方法。在数字复接部分首先介绍了多路复用的概念和多路复用的三种技术：频分多路复用(FDM)、时分多路复用(TDM)、码分多路复用(CDM)。其中重点介绍了以时分多路复用技术为基础形成的 PCM30/32 路系统的结构。然后引入了数字复接的概念，并介绍了数字复接的实现方式：同步复接和异步复接的实现方法。同步是使通信系统中接收信号与发送信号保持正确的节拍，从而能正确地提取信息的一种重要技术，是通信系统重要的不可缺少的部分。同步方法可以分为外同步和自同步两类。同步内容包括载波同步、位同步、帧同步和网同步。

一、填空题

1. 目前最常用的多路复用技术有 ________ 复用、________ 复用和码分复用。

2. PCM30/32 路系统的帧同步码型为__________，帧周期为__________，它集中插在__________的第 2～8 位。

3. 在话音信号的 PCM 通信系统中，国际上有两种 PCM 复用系列，我国采用的是一次群为 PCM__________路系统。

4. 数字复接的实现主要有________和________两种方法。

5. 数字复接的方式可分为按________、按________和按帧复接。

二、简答题

1. 什么是多路复用？按照复用方式的不同，多路复用技术基本上分为几类？分别是什么？

2. 时分多路复用(TMD)按时间片分配方法的不同，可以分为哪两类？各自特点是什么？

3. 何为同步技术？常见的同步技术有哪几种？

4. 何为外同步法和自同步法？它们有什么优缺点？

5. 试述群同步与位同步的主要区别(指使用的场合上)，群同步能不能直接从信息中提取(也就是说能否用自同步法得到)？

6. 什么是网同步？网同步有几种方法可以实现？

第 6 章

差错控制编码

学习目标

1. 了解差错控制的基本概念和原理；
2. 掌握纠检错的概念和简单的差错控制编码；
3. 掌握并理解线性分组码和卷积码的编码方式；
4. 了解网格编码调制（TCM）的概念。

学习重点

简单的差错控制编码，线性分组码编码方式。

学习难点

线性分组码。

课前预习相关的内容

1. 信号与噪声的关系；
2. 数字通信的基本概念；
3. 数字信号的不同传输方式。

在前面的章节学习了数字通信的基本概念和数字信号的不同传输方式，虽然不同的传输方式具有不同的传输性能，但只靠传输方式来保证数据在传输过程中的可靠性还远远不够，还必须对数据进行差错控制处理。差错控制是提高数字通信可靠性的重要方法，是数字通信中必须具有的功能。在实际传输当中，首先应该合理设计基带信号，选择调制方式、解调方式，采用频域均衡或者时域均衡，使误比特率尽可能低。如果误比特率仍然不能满足要求，则必须采用信道编码，也就是差错控制编码，将误比特率进一步降低，以满足指标要求。随着差错控制编码理论的完善和数字电路技术的发展，信道编码已成功的应用在各种通信系统中，而且在计算机、磁记录与存储中也得到日益广泛的应用。

6.1 概　　述

6.1.1 信道编码

在实际信道传输数字信号的过程中，引起传输差错的根本原因在于信道内存在噪声以及信道传输特性不理想所造成的码间串扰。为了提高数字传输系统的可靠性，降低信息传输的差错率，可以利用均衡技术消除码间串扰，利用增大发射功率、降低接收设备本身的噪声、选择好的调制制度和解调方式、加强天线的方向性等措施，提高数字传输系统的抗噪声性能，但上述措施也只能将传输差错减小到一定程度。要进一步提高数字传输系统的可靠性，就需要采用差错控制编码，对可能或已经出现的差错进行控制。

差错即是误码。差错控制的基本思路是：发送端在被发送的信息序列上附加上一些监督码元，这些监督码元与信息（指数据）码元之间存在某种确定的约束关系；接收端根据既定的约束规则检验信息码元与监督码元之间的这种关系是否被破坏，如传输过程中发生差错，则信息码元与监督码元之间的这一关系受到破坏，从而使接收端可以发现传输中的错误，乃至纠正错误。我们可以看出由于增加了不携带信息的监督码元，从而增加了传输的任务，使得传输效率降低。用纠（检）错控制差错的方法来提高数字通信系统的可靠性是以牺牲其有效性为代价来换取的。

6.1.2 差错控制方式

在数字通信系统中，差错控制的方式一般可以分为四种类型：检错重发（简称 ARQ）、前向纠错（简称 FEC）、混合纠错（简称 HEC）和信息反馈（简称 IRQ）。它们的系统构成如图 6-1 所示。

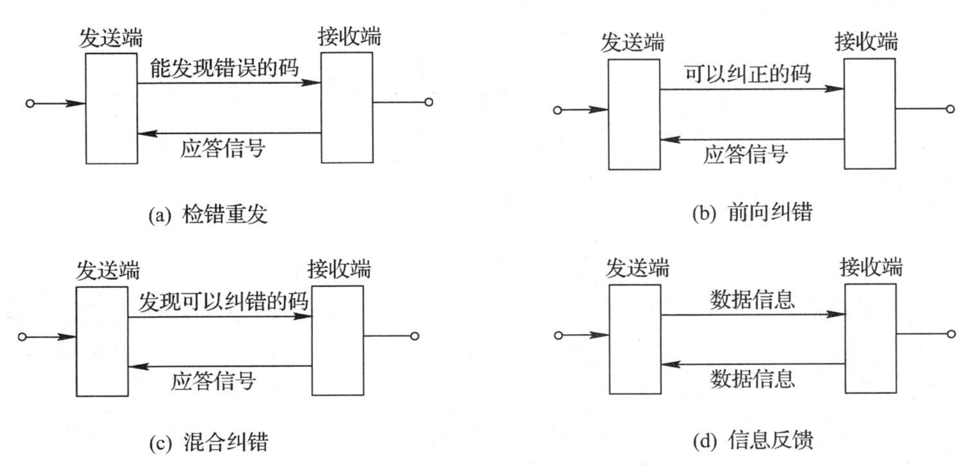

图 6-1　差错控制方式的基本类型

1. 检错重发

差错控制方式

在检错重发方式中，发送端加上的监督码具有检测错误的功能，接收端收到后检验。如果发现传输中有错误，则通过反向信道把这一判断结果反馈给发送端，然后，发送端把前面发出的信息重新传送一次，直到接收端认为已正确收到信息为止。常用的检错重发系统有 3 种，即停发等候重发、返回重发和选择重发。图 6－2 所示为这 3 种系统的工作原理图。

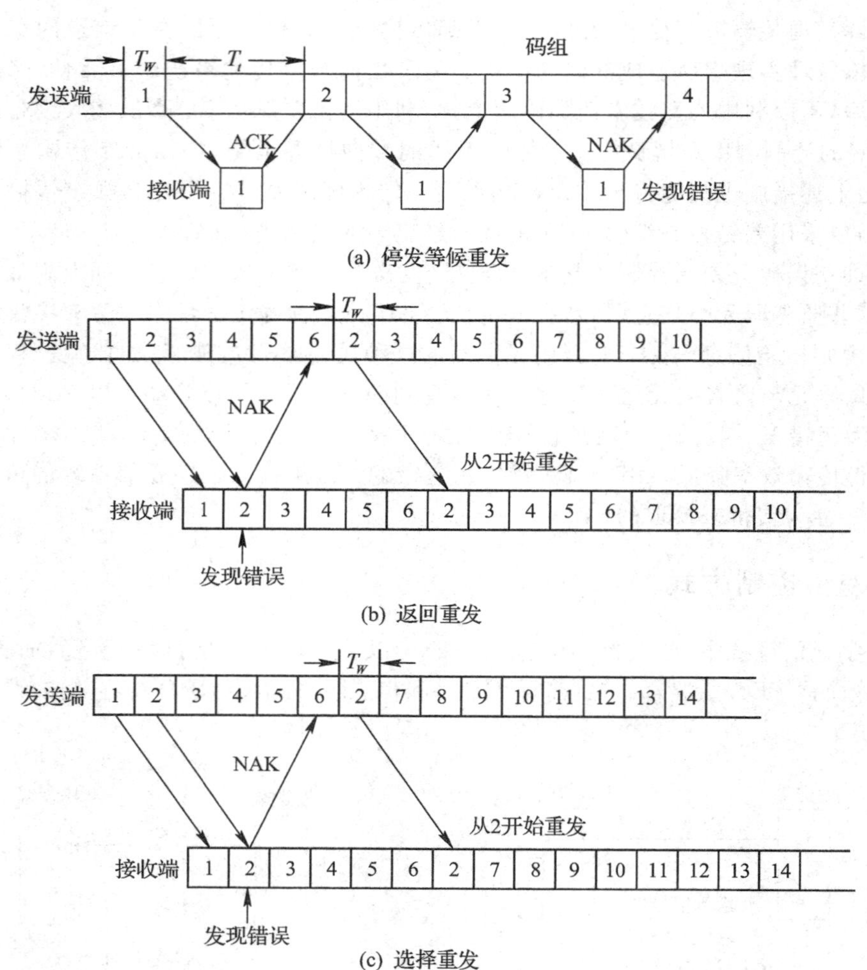

图 6－2　检错重发差错控制系统工作原理

图 6－2(a)所示表示停发等候重发系统的发送端、接收端的信号传递过程。发送端在 T_W 时间内送出一个码组给接收端，接收端收到后经检测若未发现错误，则发回一个认可信号(ACK)给发送端，发送端收到 ACK 信号后再发出下一个码组。

返回重发系统如图 6－2(b)所示，选择重发系统如图 6－2(c)所示。它们都与停发等候重发不同，其发送端是连续不断地发送信号，不在等候收端返回的 ACK 信号；只不过返回重发系统重发的是前一段 N 组信号，而选择重发只重发有错误的那一码组。

返回重发系统和选择重发系统都需要全双工的数据链路，而停发等候重发只要求半双工的数据链路。

2. 前向纠错

在前向纠错系统中，发送端经信道编码后可以发出具有纠错能力的码字；接收端译码后不仅可以发现错误码，而且可以判断错误码的位置并予以纠正。然而，前向纠错编码需要附加较多的冗余码元，影响数据传输效率，且编译码设备比较复杂。但是由于不需要反馈信道，实时性较好，因此，这种技术在单工信道中普遍采用，例如无线电寻呼系统中采用的 POGSAG 编码等。

3. 混合纠错

混合纠错方式是前向纠错方式和检错重发方式的结合。在这种系统中接收端不仅具有纠正错误的能力，而且对超出纠错能力的错误有检测能力。遇到后一种情况，系统可以通过反馈信道要求发送端重发一次，混合纠错方式在实时性和译码复杂性方面是前向纠错和检错重发方式的折中。

4. 信息反馈

信息反馈方式是接收端把收到的数据序列全部由反馈信道送到发送端，发送端比较发送的数据序列与送回的数据序列，从而发现是否有错误，对有错误的数据序列的原始数据再次传送，直到发送端没有发现错误为止。

信息反馈的优点是不需要纠错、检错的译码器，设备简单。缺点是需要和前向信道相同的反向信道，实时性差；发送端需要一定容量的存储器以存储发送码组，且环路时延越大，数据速率越高，所需的存储容量也越大。

上述差错控制方式应根据实际情况合理选择。除 IRQ 方式外，都需要发送端发送的数据序列具有纠错和检错的能力。为此，必须对信息源输出的数据以一定规则加入多余的码元(纠错编码)。对于纠错编码的要求是加入的多余码元少而纠错能力很强，而且实现方便，设备简单，成本低。

【例 6－1】　一数字通信系统采用选择重发的差错控制方式。发送端要向接收端发送的数据共有 9 个码组，其顺序号是 1～9。传输过程中 2 号码组出现错误。试在图 6－3 中空格里填入正确的码组顺序号。

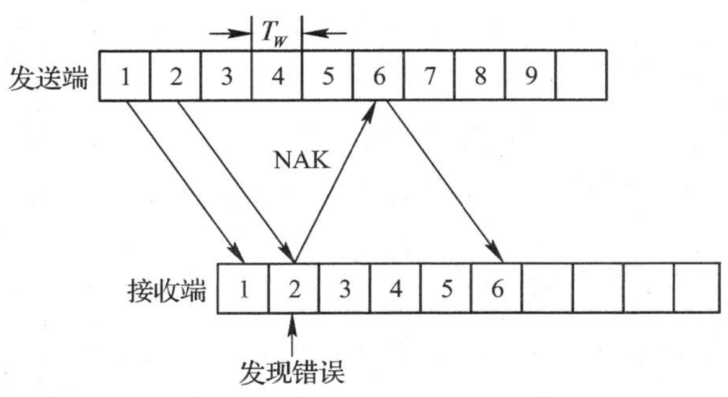

图 6－3　选择重发差错控制方式

解　正确的码组如图 6－4 所示。

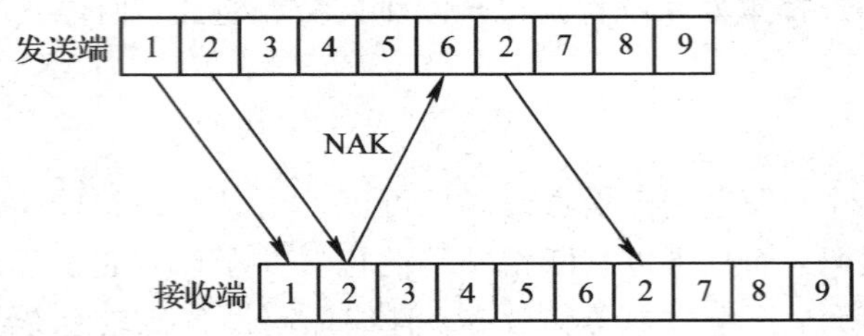

图 6－4　选择重发差错控制方式正确码组

6.1.3　纠错码的分类

（1）按码组的功能分，有检错码和纠错码。

（2）按监督码与信息码之间的关系分，有线性码和非线性码。线性码是指监督码元与信息码元之间的关系为线性关系，即可用一组线性代数方程联系起来；非线性码是指二者为非线性关系。

（3）按对信息码元处理方法的不同分，有分组码和卷积码。分组码是指信息码与监督吗以组为单位建立关系；卷积码是指监督码与本组和前面码组中的信息码有关。

分组码一般用符号(n,k)表示，结构如图 6－5 所示，其中 k 是每组二进制信息码元的数目，n 是编码组的总位数，又称为码组长度（码长），$n-k=r$ 为每个码组中的监督码元数目或称监督位数目。通常将分组码规定为具有如图 6－5 所示的结构。图中前面 k 位$(a_{n-1}\cdots a_r)$为信息位，后面附加 r 个监督位$(a_{r-1}\cdots a_0)$。

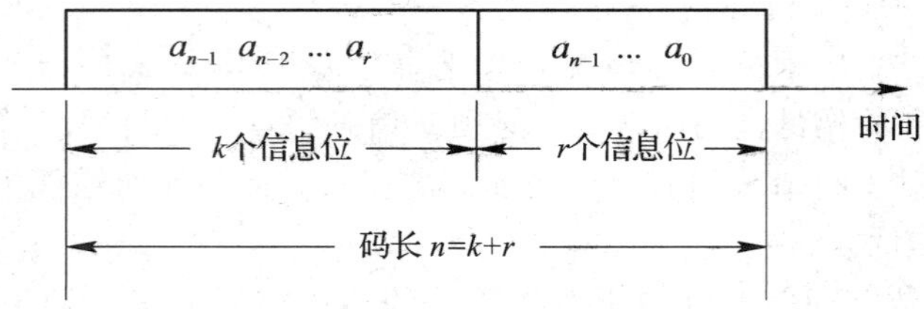

图 6－5　分组码的结构

（4）按照信息码元在编码后是否保持原来的形式分，可划分为系统码和非系统码。系统码是指编码后码组中信息码保持原图样顺序不变；非系统码是指编码后码组中信息码原图样发生变化。

（5）按纠正差错的类型分，可分为纠正随机错误的码和纠正突发错误的码。

（6）按照每个码元取值来分，可分为二进制码与多进制码。

6.1.4　纠错编码的基本原理

信道编码的基本思想就是在被传送的信息中附加一些监督码元，在接收端和发送端之间建立某种校验关系，当这种校验关系在传输中受到破坏时，可以被发现甚至被纠正，这种检错和纠错能力是用信息量的冗余度来换取的。

下面介绍几个与信道编码有关的基本概念：

(1) 码长：码字中码元的数目。例如“11010”的码长为 $n=5$。

(2) 码重：信道编码中，定义码组中非零码元的数目为码组的重量，简称码重。例如“010”码组的码重 $W=1$，“011”码组的码重 $W=2$。

(3) 码距：两个等长码字之间对应位上不同码元的数目，有时也称作这两个码字的汉明距离，例如码字 10100 与 11000 之间的码距 $d=2$。

(4) 最小码距：在一种编码中，任意两个许用码组间距离的最小值，即码组集合中任意两个码组之间的最小距离，称为这一编码的最小码距。用 d_0 表示。

对于二进制码字而言，两个码字之间的模 2 相加，其不同的对应位必为 1，相同的对应位必为 0，因此，两个码字之间模 2 相加得到的码重就是这两个码字之间的距离。

以二进制分组码的纠错过程为例，可以较为详细的说明纠错码检错和纠错的基本原理。分组码对于数字序列是分段进行处理的，设每一段由 k 个码元组成(称作长度为 k 的信息组)，由于每个码元有 0 或 1 两种值，故共有 2^k 个不同的状态。每段长为 k 的信息组，以一定的规则增加 r 个多余度码元(称为监督元)，监督这 k 个信息元，这样就组成长度为 $n=k+r$ 的码字(又称 n 重)。共可以得到 2^k 个长度为 n 的码字，它们通常被称为许用码字。

而长度为 n 的数字序列共有 2^n 种可能的组合，其中 2^n-2^k 个长度为 n 码字未被选用，故称它们为禁用码字。上述 2^n 个长度为 n 的许用码字的集合称为分组码。分组码能够检错和纠错的原因是存在 2^n-2^k 个多余码字，或者说在 2^n 个码字中有禁用码字存在。下面举例加以说明。

设发送端发送 A 和 B 两个消息，分别用一位码元来表示，1 代表 A，0 代表 B。如果这两个信息在传输中产生了错误，那么就会使 0 错成了 1 或 1 错成了 0，而接收端不能发现这种错误，更谈不上纠正错误了。若在每一位长的信息中加上一个监督元($r=1$)，其规则是与信息元重复，这样编出的两个长度为 $n=2$ 的码字，它们分别为 11(代表 A)和 00(代表 B)。这时 11、00 就是许用码字，这两个码字组成一个(2，1)分组码，其特点是各码元的码字是重复的，故又称为重复码(即监督码)。而 01、10 就是禁用码字。设发送 11 经信道传输错了一位，也就是不能作出发送的消息是 A (11)还是 B(00)的判决。若信道干扰严重，使发送码字的两位都产生错误，从而使 11 错成 00，收端译码器根据重复码的规则检验，不认为有错，并且判决为消息 B，造成了错判。这时可以发现：这种码距为 2 的(2，1)重复码能确定一个码元的错误，不能确定两个码元的错误，也不能纠正错误。

若仍按重复码的规则，再加一个监督码元，得到(3，1)重复码，它的两个码字分别为 111 和 000，其码距为 3。这样其余六个码字(001、010、100、110、101、011)为禁用码字。设发送 111(代表消息 A)，如果译码器收到的消息为 110，根据重复码的规则，发现错误，并且当采用最大似然法译码时，把与发送码字最相似的码字认为就是发送码字。而 110 与 111 只有一位不同，与 000 有两位不同，故判决为 111。事实上，在一般情况下，错一位的可能性要比错两位的可能性大得多，从统计的观点看，这样判决是正确的。因此，这种(3，1)码能够纠正一个错误，但不能纠正两个错误，因为若发送 111，收到 000 时，根据译码规则将译为 000，这就判错了。类似于前面的分析，这种码若用来检错，它可以发现两个错误，但不能发现三个错误。

当然，还可以选用码字更长的重复码进行信道编码，随着码字的增长，重复码的检错和纠错能力会变得更强。

上述例子表明：纠错码的抗干扰能力完全取决于许用码字之间的距离，码的最小距离越大，说明码字间的最小差别越大，抗干扰能力就越强。因此，码字之间的最小距离是衡量该码字检错和纠错能力的重要依据，最小码距是信道编码的一个重要参数。在一般情况下，分组码的最小汉明距离与检错和纠错能力之间满足下列关系：

（1）为检测 e 个错码，要求最小码距为

$$d_0 \geqslant e+1 \tag{6-1}$$

这个关系可以利用图 6-6(a)予以说明。在图中用 A 和 B 分别表示两个码距为 d_0 的码字，若 A 发生 e 个错误，则 A 就变成以 A 为球心，e 为半径的球面上的码字，为了能将这些码字分辨出来，它们必须与距离最近的码字 B 有一位的差别，即 A 和 B 之间最小距离为纠正个错误，要求最小码距为 $d_0 \geqslant e+1$。

（2）为纠正 t 个错误，要求最小码距为

$$d_0 \geqslant 2t+1 \tag{6-2}$$

这个关系可以利用图 6-6(b)予以说明。在图中用 A 和 B 分别表示两个码距为 d_0 的码字，若 A 发生 t 个错误，则 A 就变成以 A 为球心，t 为半径的球面上的码字；B 发生 t 个错误，则 B 就变成以 B 为球心，t 为半径的球面上的码字。为了在出现 t 个错误时，仍能够分辨出 A 和 B 来，那么，A 和 B 之间距离应大于 $2t$，最小距离也应当使两球体表面相距为 1，即满足不等式 $d_0 \geqslant 2t+1$。

（3）为纠正 t 个错误，同时检测 e 个错误($e>t$)，要求最小码距为

$$d_0 \geqslant t+e+1 \tag{6-3}$$

这个关系可以利用图 6-6(c)予以说明。在图中用 A 和 B 分别表示两个码距为 d_0 的码字，当码字出现 t 个或小于 t 个错误时，系统按照纠错方式工作；当码字出现大于 t 个而小于 e 个错误时，系统按照检错方式工作；若 A 发生 t 个错误，B 发生 e 个错误时，既要纠 A 的错，又要检 B 的错，则 A 和 B 之间距离应大于 $e+t$，也就是满足 $d_0 \geqslant t+e+1$。

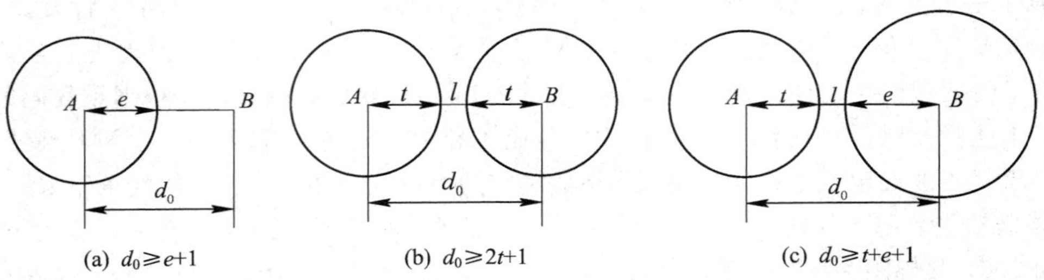

图 6-6　纠(检)错能力的几何解释

通常，在信道编码过程中，监督位越多纠错能力就越强，但编码效率就越低。若码字中信息位数为 k，监督位数为 r，码长为 n，则编码效率可以用下式表示

$$R=\frac{k}{n} \tag{6-4}$$

R 越大，编码效率越高，它是衡量码性能的一个重要参数。对于一个好的编码方案，不但希望它的抗干扰能力强，而且还希望它的编码效率高，但两方面的要求是矛盾的，在设计中要全面考虑。

6.2 常用的几种简单分组码

6.2.1 奇偶监督码

奇偶监督码是在原信息码后面附加一个监督元，使得码组中“1”的个数是奇数或偶数，或者说，它是含一个监督元、码重为奇数或偶数的$(n, n-1)$分组码。奇偶监督码又分为奇监督码和偶监督码。

设码字$A=[a_{n-1}, a_{n-2}, \cdots, a_1, a_0]$，对偶监督码有

$$a_{n-1} \oplus a_{n-2} \oplus \cdots \oplus a_1 \oplus a_0 = 0 \tag{6-5}$$

式中，a_{n-1}，a_{n-2}，…，a_1为信息元，a_0为监督元。

由于该码的每一个码字均按同一规则构成式(6－5)，故又称为一致监督码。接收端译码时，按式(6－5)将码组中的码元模2相加，若结果为“0”，就认为无错，结果为“1”，就可断定该码组经传输后有奇数个错误。

与偶监督码情况相似，奇监督码只是码组中“1”的数目为奇数，即满足条件：

$$a_{n-1} \oplus a_{n-2} \oplus \cdots \oplus a_1 \oplus a_0 = 1 \tag{6-6}$$

而检错能力和偶监督码相同。

奇偶监督码的编码效率很高，$R=(n-1)/n$，随n增大而趋近于1，但一般情况奇偶监督码不能发现偶数个错误，是简单的检错码，在计算机数据传输中得到广泛的应用。

6.2.2 行列监督码

行列监督码又称水平垂直一致监督码或二维奇偶监督码或矩阵码。它不仅对水平(行)方向的码元，而且对垂直(列)方向的码元实施奇偶监督。一般$L\times m$个信息元，附加$L+m+1$个监督元；由$L+1$行，$m+1$列组成一个$(Lm+L+m+1, Lm)$行列监督码的码字。表6－1是(66，50)行列监督码的一个码字($L=5$，$m=10$)，它的各行和列对1的数目都实行偶数监督。可以逐行传输，也可以逐列传输。译码时分别检查各行、各列的监督关系，判断是否出错。

表6－1 (66，50)行列监督码

	码组	监督位
第1组	1100101000	0
第2组	0100001101	0
第3组	0111100001	1
第4组	1001110000	0
第5组	1100011110	0
监督码组	1010101010	1

这种码具有较强的检测随机错误的能力，能发现所有1、2、3及其他奇数个错误，也能发现大部分偶数个错误，但分布在矩形的4个顶点这类偶数个错误则是例外。

这种码适于检测突发错误。逐行传输时，能检测长度 $b \leqslant m+1$ 的突发错误，逐列传输时，能检测长度 $b \leqslant L+1$ 的突发错误。这种码还可纠正一些错误：单个错误、仅在一行中的奇数个错误等。因为这些错误的位置可以由行、列监督而确定。

6.3 线性分组码

6.3.1 汉明码

1. 汉明码的原理

为了能够纠正一位错码，在分组码中最少要增加多少监督位才行呢？编码效率能否提高呢？从这种思想出发进行研究，便产生了汉明码。汉明码是一种能够纠正一位错码且编码效率较高的线性分组码。

汉明码是1950年由美国贝尔实验室汉明提出来的，是第一个设计用来纠正错误的线性分组码。汉明码及其变形已广泛应用于数字通信和数据存储系统中作为差错控制码。

在前面我们讨论奇偶校验时，如按偶监督，由于使用了一位监督位 a_0，故它就能和信息位 $a_{n-1}\cdots a_1$ 一起构成一个代数式 $a_{n-1}\oplus a_{n-2}\oplus\cdots\oplus a_1\oplus a_0=0$，在接收端解码时，实际上是计算

$$S=a_{n-1}\oplus a_{n-2}\oplus\cdots\oplus a_1\oplus a_0 \tag{6-7}$$

若 $S=0$，就认为无错；若 $S=1$，就认为有错。式(6-7)称为监督方程(或监督关系式)，S 称为校正子或称伴随式。简单的奇偶监督只有一位监督码元，一个监督方程，S 也只有1和0两种取值，因此只能表示有错和无错两种状态。不难推想，如果增加一位监督码元，相应的就会增加一个监督方程，这样校正子的值有四种组合：00、01、10和11，故能表示四种不同的信息。若用其中一种表示无错，则其余三种就有可能用来指示一位错码的3种不同位置。

一般来说，若有 r 位监督码元，就可构成 r 个监督方程，计算得到的校正子有 r 位，可用来指示 2^r-1 种误码图样。当只有一位误码时，就可指出 2^r-1 个错码位置。若码长为 n，信息位数为 k，则监督位数 $r=n-k$。如果希望用 r 个监督位构造出 r 个监督关系式来指示一位错码的 n 种可能位置，则要求

$$2^r-1\geqslant n \quad 或 \quad 2^r\geqslant k+r+1 \tag{6-8}$$

由此可见：$r=3$，则有3个校正子 S_1、S_2、S_3，他们对应有8种组合，其中000表示无错。剩下7种有错，刚好可以对应 $n=4+3=7$ 位置的错误情况。

2. 汉明码编码方法

以 $k=4$ 为例，则 $r=3$，$n=4+3=7$。用码组 $A=[a_6a_5a_4a_3a_2a_1a_0]$表示，由于有3

个监督位，则对应 3 个校正子 S_1、S_2、S_3。刚好有 8 种组合，除掉 $S_1S_2S_3=000$ 无错外，其余均有错误。设 3 个校正子构成的码组 $S_1S_2S_3$ 与错码位置的对应关系如表 6－2 所示。

表 6－2　校正子与错码位置

$S_1S_2S_3$	错误位置
001	a_0
010	a_1
100	a_2
011	a_3
101	a_4
110	a_5
111	a_6
000	无错码

注：a_2、a_1、a_0 错码位置可以随意和校正子 $S_1S_2S_3$ 中的 001、010、100 对应；a_3、a_4、a_5、a_6 错码位置也可以随意与校正子 $S_1S_2S_3$ 对应的情况交换。

由表中可见，仅当 1 个错码位置在 a_2、a_4、a_5 或 a_6 时，校正子 S_1 为 1；否则 S_1 为 0。这就意味着 a_2、a_4、a_5 和 a_6 4 个码元构成的偶数监督关系为

$$S_1=a_6\oplus a_5\oplus a_4\oplus a_2 \tag{6-9}$$

同理，由 a_1、a_3、a_5 和 a_6 构成的监督关系为

$$S_2=a_6\oplus a_5\oplus a_3\oplus a_1 \tag{6-10}$$

以及 a_0、a_3、a_4 和 a_6 构成的监督关系为

$$S_3=a_6\oplus a_4\oplus a_3\oplus a_0 \tag{6-11}$$

在发端编码时，信息位 a_6、a_5、a_4 和 a_3 的值决定于输入信号，因此他们是随机的。而监督位 a_2、a_1 和 a_0 应根据信息位的取值按监督关系来确定，监督位应使式(6－9)～式(6－11)中 S_1、S_2 和 S_3 的值为零(表示编成的码组中应无错码)，即

$$\begin{cases} a_6\oplus a_5\oplus a_4\oplus a_2=0 \\ a_6\oplus a_5\oplus a_3\oplus a_1=0 \\ a_6\oplus a_4\oplus a_3\oplus a_0=0 \end{cases} \tag{6-12}$$

由式(6－12)经移项运算，解出监督位为

$$\begin{cases} a_2=a_6\oplus a_5\oplus a_4 \\ a_1=a_6\oplus a_5\oplus a_3 \\ a_0=a_6\oplus a_4\oplus a_3 \end{cases} \tag{6-13}$$

已知信息位后，就可根据式(6－13)计算出监督位，从而得到 16 个许用码组，如表 6－3所示。

表 6-3 (7,4)汉明码的许用码组

信息位	监督位	信息位	监督位
$a_6a_5a_4a_3$	$a_2a_1a_0$	$a_6a_5a_4a_3$	$a_2a_1a_0$
0000	000	1000	111
0001	011	1001	100
0010	101	1010	010
0011	110	1011	001
0100	110	1100	001
0101	101	1101	010
0110	011	1110	100
0111	000	1111	111

将式(6-13)信息码元与监督码元之间的关系表示为矩阵形式，有

$$[a_6a_5a_4a_3a_2a_1a_0]=[a_6a_5a_4a_3]\begin{bmatrix}1&0&0&0&1&1&1\\0&1&0&0&1&1&0\\0&0&1&0&1&0&1\\0&0&0&1&0&1&1\end{bmatrix}\text{(模 2)} \tag{6-14}$$

简记为

$$\boldsymbol{A}=[a_6a_5a_4a_3]\cdot\boldsymbol{G} \tag{6-15}$$

式(6-15)称为编程方程，$\boldsymbol{G}$ 称为线性分组码的生成矩阵，生成矩阵 $\boldsymbol{G}$ 为 $k\times n$ 矩阵，由 $\boldsymbol{G}$ 可构成编码器。

从式(6-14)中可知，生成矩阵 $\boldsymbol{G}$ 可表示为 $\boldsymbol{G}=[\boldsymbol{I}_k\cdot\boldsymbol{Q}]$，$\boldsymbol{I}_k$ 为 $k\times k$ 阶单位矩阵，$\boldsymbol{Q}$ 为 $k\times r$ 阶矩阵，此生成矩阵 $\boldsymbol{G}$ 称为典型形式的生成矩阵。由典型形式生成矩阵 $\boldsymbol{G}$ 生成的线性码组 $\boldsymbol{A}$ 必定为系统码，即生成的新码组中开头或者结尾的 k 位是信息位。

接收端收到每个码组后，先按校正子关系式计算出 S_1、S_2 和 S_3，再按表 6-2 判断错误情况。

例如，若接收码组为 0000011，则由校正子关系式计算可得 $S_1=0$，$S_2=1$，$S_3=1$，由于 $S_1S_2S_3=011$，故根据表 6-2 可知，在 a_3 位有一错码。

若用矩阵表示，则式(6-14)中的信息码元和监督码元之间的关系可表示为

$$\begin{bmatrix}1&1&1&0&1&0&0\\1&1&0&1&0&1&0\\1&0&1&1&0&0&1\end{bmatrix}[a_6a_5a_4a_3a_2a_1a_0]^{\mathrm{T}}=\begin{bmatrix}0\\0\\0\end{bmatrix} \tag{6-16}$$

式(6-16)简记为

$$\boldsymbol{H}\boldsymbol{A}^{\mathrm{T}}=\boldsymbol{0}^{\mathrm{T}}\quad\text{或}\quad\boldsymbol{A}\boldsymbol{H}^{\mathrm{T}}=\boldsymbol{0} \tag{6-17}$$

式(6-17)称为监督方程，式中的 $\boldsymbol{H}$ 称为此线性分组码的监督矩阵，有 r 行 n 列。典型监督矩阵 $\boldsymbol{H}=[\boldsymbol{P}\cdot\boldsymbol{I}_r]$，$\boldsymbol{P}$ 为 $r\times k$ 阶矩阵，$\boldsymbol{I}_r$ 为 $r\times r$ 阶单位矩阵。而 $\boldsymbol{P}=\boldsymbol{Q}^{\mathrm{T}}$。

在接收端接收的码组为 B，则校正子 S 可表示为

$$S=\boldsymbol{HB}^{\mathrm{T}} \tag{6-18}$$

如果 $S=0$，无传输错误；$S\neq 0$ 则传输发生错误。所以可以在码的纠错能力限度内，利用矫正子 S 检查或纠正一个错码或检测两个错码。

3. 汉明码编码效率

通常将码长 $n=2^r-1$ 的线性分组码称为汉明码，即$(2^r-1, 2^r-1-r)$码。其编码效率为

$$R=\frac{k}{n}=\frac{n-r}{n}=1-\frac{r}{2^r-1} \tag{6-19}$$

对于(7，4)汉明码，$r=3$，编码效率 $R=57\%$。与码长相同的能纠正一位错码的其他分组码相比，汉明码的效率最高，且实现也简单。因此，至今在码组中纠正一个错码的场合还广泛应用。当 n 很大时，则编码效率接近 1。可见，汉明码是一种高效码。

【例 6－2】　一码长 $n=15$ 的汉明码，监督位应该是多少？其编码效率为多少？

解　由式 $2^r-1\geqslant n$ 得

$$2^r\geqslant n+1=15+1=16$$

取监督位 $r=4$，则 $k=11$，该汉明码为(15，11)，其编码效率为 $11/15=73\%$。

【例 6－3】　某一(7，4)汉明码，采用下列监督方程：

$$\begin{cases} a_2=a_6\oplus a_5\oplus a_3 \\ a_1=a_6\oplus a_4\oplus a_3 \\ a_0=a_5\oplus a_4\oplus a_3 \end{cases}$$

试求该(7，4)汉明码的许用码组，并找出校正子与错码的位置，假设某一许用码组有一位错码出错，用校正子求出错码位，并纠正。

解　(7，4)汉明码的信息码为 4，监督码为 3 位，码组为$(a_6a_5a_4a_3a_2a_1a_0)$，按所给监督方程求得其许用码组如表 6－4 所示。

表 6－4　(7,4)汉明码的许用码组

信息位	监督位	信息位	监督位
$a_6a_5a_4a_3$	$a_2a_1a_0$	$a_6a_5a_4a_3$	$a_2a_1a_0$
0000	000	1000	110
0001	111	1001	001
0010	011	1010	101
0011	100	1011	010
0100	101	1100	011
0101	010	1101	100
0110	110	1110	000
0111	001	1111	111

从监督方程得校正子方程

$$S_1 = a_6 \oplus a_5 \oplus a_3 \oplus a_2$$

$$S_2 = a_6 \oplus a_4 \oplus a_3 \oplus a_1$$

$$S_3 = a_5 \oplus a_4 \oplus a_3 \oplus a_0$$

当无错时，$S_1S_2S_3=000$。从校正子方程式可知：只有 a_0 有错时，$S_1S_2S_3=001$；只有 a_1 有错时，$S_1S_2S_3=010$…可得校正子值的排列与错码的关系，如表 6－5 所示。

设有一位错码的许用码组为 0110001，计算校正子可得 $S_1S_2S_3=111$，则 a_3 有错，将接收码组 0110001 纠正为 0111001。

表 6－5　校正子与错码的关系

$S_1S_2S_3$	错误位置	$S_1S_2S_3$	错误位置
001	a_0	011	a_4
010	a_1	101	a_5
100	a_2	110	a_6
111	a_3	000	无错码

6.3.2　循环码

1. 循环码的概念及特性

循环码是一种线性分组码，又称为系统码，即前 k 位为信息位，后 r 位为监督位，它除了具有线形分组码的一般性质外，还具有循环性，即循环码中任一许用码组经过循环移位后(即将最右端的码元移至左端或反之)所得到的码组仍为它的许用码组。表 6－6 给出了一种(7，3)循环码的全部码组，由此表我们可以直观的看出这种码的循环性。例如，表 6－6 中的第 2 码组向右移一位即可得到第 5 码组；第 6 码组向右移一位即得到第 7 码组。

表 6－6　(7，3)循环码码组

码组编号	信息位	监督位	码组编号	信息位	监督位
	$a_6a_5a_4$	$a_3a_2a_1a_0$		$a_6a_5a_4$	$a_3a_2a_1a_0$
1	000	0000	5	100	1011
2	001	0111	6	101	1100
3	010	1110	7	110	0101
4	011	1001	8	111	0010

一般来说，若$(a_{n-1}, a_{n-2}\cdots a_0)$是一个$(n,k)$循环码的码组，则

$$(a_{n-2}, a_{n-3}\cdots a_0, a_{n-1})$$

$$(a_{n-3}, a_{n-4}\cdots a_0, a_{n-1}, a_{n-2})$$

$$\vdots$$

$$(a_0, a_{n-1}, a_{n-2}\cdots a_2, a_1)$$

也都是该编码中的码组。

2. 循环码的多项式表示

1）码多项式

为了便于用代数法来研究循环码，可将码组用多项式来表示，该多项式称为码多项式。一般地，长为 n 的码组 $C_{n-1}C_{n-2}\cdots C_1C_0$，对应码多项式 $A(x)$：

$$A(x)=C_{n-1}x^{n-1}+C_{n-2}x^{n-2}+\cdots+C_1x+C_0 \tag{6-20}$$

式中，x^i 系数对应码字中 C_i 的取值，它的存在只表示该对应码位上是“1”码，否则为“0”码。对于(7，3)循环码中的任一码组都可以表示为

$$A(x)=C_6x^6+C_5x^5+C_4x^4+C_3x^3+C_2x^2+C_1x+C_0$$

例如，(7，3)码字 1001110 对应的多项式表示为

$$A(x)=x^6+x^3+x^2+x$$

2）模 N 运算

模 2 运算主要是针对二进制的运算，如果不考虑二进制，那又怎么算呢？比如说我们要将 15 进行模 2 运算，结果该为多少呢？我们可以将 15 除以 2，余数就是模 2 运算的结果。同理：对 M 求模 N 运算，也可以采用这种方法。一般若

$$\frac{M}{N}=Q(\text{商})+\frac{p(\text{余数})}{N}\qquad (Q\ \text{为整数},\ p<N)\quad (\text{模}\ N)$$

则记为

$$(M)_N\equiv(p)_N \tag{6-21}$$

类似地，可以定义关于多项式 $N(x)$ 的同类式，若

$$\frac{M(x)}{N(x)}=Q(x)+\frac{R(x)}{N(x)} \tag{6-22}$$

式中，$Q(x)$ 为整式，余式 $R(x)$ 的幂 $<N(x)$ 的幂，则 $M(x)$ 求模 $N(x)$ 运算的结果就为 $R(x)$。上式可写成

$$M(x)=Q(x)N(x)+R(x)$$

$$M(x)\equiv R(x)\qquad \bmod N(x)$$

例如，在二次多项式中，因为是模 N 运算，有

$$\frac{x^n}{x^n+1}=\frac{x^n+1+1}{x^n+1}=1+\frac{1}{x^n+1}$$

从而有上述结论。

定理 1　若 $A(x)$ 是长度为 n 的循环码中的一个码多项式，则 $x^iA(x)$ 按模 x^n+1 运算的余式必为循环码中的另一码多项式。（证明略）

3. 循环码的生成多项式及生成矩阵

一般，线性分组码可以表示为

$$C=[C_{n-1}C_{n-2}\cdots C_{n-k}]\boldsymbol{G}=[C_{n-1}C_{n-2}\cdots C_{n-k}][\boldsymbol{I}_k\,|\,\boldsymbol{Q}] \tag{6-23}$$

矩阵 $\boldsymbol{G}$ 中每一行均为一许用码组，如第 i 行对应第 i 个信息位为 1、其余为 0 时生成的码组。由于 $\boldsymbol{G}$ 中包含一个 $\boldsymbol{I}_k$ 分块，所以 $\boldsymbol{G}$ 为 k 个独立的码组组成的矩阵，即任一线性分组码码组均可由 k 个线性无关的码组组合而成。利用上述线性分组码的性质，设 $g(x)$ 为幂次数为 $n-k$ 且常数项不为 0 的多项式，则由 $g(x)$，$xg(x)$，$x^2g(x)$，…，x^{k-2}

$g(x)$，$x^{k-1}g(x)$可构成循环码生成矩阵$\boldsymbol{G}(x)$。

$$\boldsymbol{G}(x)=\begin{bmatrix} x^{k-1}g(x) \\ x^{k-2}g(x) \\ \vdots \\ xg(x) \\ g(x) \end{bmatrix} \tag{6-24}$$

其中，$g(x)$称为循环码的生成多项式。

定理 2　在循环码中，$n-k$ 次的码多项式$g(x)$有一个且只有一个。

证明　(1) 在含 k 个信息位的循环码中，除全 0 码外，其他码组最多只有 $k-1$ 个连 0。否则，经循环移位后前面 k 个信息码元为 0，而监督码元不全为 0，这样的码组在线性分码组中是不可能的。

(2) $n-k$ 次的码多项式$g(x)$的常数项不能为 0，否则该多项式右移一位就会出现 k 个连 0 的情况。

(3) $n-k$ 次的码多项式$g(x)$只可能有一个，若有两个，两多项式相加后由于线性分组码的封闭性仍为码多项式，但由于 $n-k$ 次项和常数项相消，会产生 $k+1$ 连 0 的情况，由(1)分析，这是不可能的。

定理 3　在循环码中，所有的码多项式 $A(x)$能够被 $g(x)$整除。

证明　因为任一码多项式都可由其信息码元和生成矩阵$\boldsymbol{G}[x]$确定：

$g(x)$为码多项式 $A(x)$的一个因式，所以 $A(x)$可被 $g(x)$整除。

推论：次数不大于 $k-1$ 次的任何多项式与 $g(x)$的乘积都是码多项式。

定理 4　循环码(n, k)的生成多项式 $g(x)$是 x^n+1 的一个因式。(证明略)

4. 循环码的编码方法

编码的任务是在已知信息位的条件下求得循环码的码组，而我们要求得到的是系统码，即码组前 k 位为信息位，后 $r=n-k$ 位是监督位。因此，首先要根据给定的(n, k)值选定生成多项式 $g(x)$，即从(x^n+1)的因式中选一$(n-k)$次多项式 $g(x)$。

设信息位的码多项式为

$$m(x)=m_{k-1}x^{k-1}+m_{k-2}x^{k-2}+\cdots+m_1x+m_0 \tag{6-25}$$

其中，m_1 的系数为 1 或 0。

我们知道(n, k)循环码的码多项式的最高幂次是 $n-1$ 次，而信息位是在它的最前面 k 位，因此信息位在循环码的码多项式中应表示为 $x^{n-k}m(x)$。

循环码的编码步骤如下：

(1) 用 x^{n-k}乘 $m(x)$，要求 $m(x)$对应的码组，需要先算 $x^{n-k}m(x)$。这一运算实际上是把信息码后附上 $n-k$ 个“0”。例如，信息码为 110，它相当于 $m(x)=x^2+x$。当 $n-k=7-3=4$ 时，$x^{n-k}m(x)=x^6+x^5$，它相当于 1100000。

(2) 用 $g(x)$除 $x^{n-k}m(x)$，得到商 $Q(x)$和余式 $r(x)$，即

$$\frac{x^{n-k}m(x)}{g(x)}=Q(x)+\frac{r(x)}{g(x)}$$

例如，若选定 $g(x)=x^4+x^2+x+1$ 作为生成多项式，则

$$\frac{x^{n-k}m(x)}{g(x)}=\frac{x^6+x^5}{x^4+x^2+x+1}=(x^2+x+1)+\frac{x^2+1}{x^4+x^2+x+1}$$

上式相当于

$$\frac{1100000}{10111}=111+\frac{101}{10111}$$

（3）编出的码组 $A(x)$ 为

$$A(x)=x^{n-k}m(x)+r(x)$$

在本例中，$A(x)=1100000+101=1100101$。这样编出的码就是系统码了。

5. 循环码的解码方法

接收端解码的要求有两个：检错和纠错。达到检错目的的解码原理十分简单。由于任一码多项式 $A(x)$ 都应能被生成多项式 $g(x)$ 整除，所以在收端可以将接收码组 $R(x)$ 用原生成多项式 $g(x)$ 去除。当传输中未发生错误时，接收码组和发送码组相同，即 $R(x)=A(x)$，故接收码组 $R(x)$ 必能被 $g(x)$ 整除；若码组在传输中发生错误，则 $R(x)\neq A(x)$，$R(x)$ 被 $g(x)$ 除时可能除不尽而有余项，即有

$$\frac{R(x)}{g(x)}=Q'(x)+\frac{r'(x)}{g(x)}$$

因此，我们就以余项是否为零来判别码组中有无错码。这里还需要指出一点，如果信道中错码的个数超过了这种编码的检错能力，恰好使有错码的接收码组能被 $g(x)$ 所整除，这时的错码就不能检出了。这种错误称为不可检错误。

对于循环码纠错可以按如下步骤进行。

（1）用生成多项式 $g(x)$ 除接收码组 $R(x)=A(x)+E(x)$，得出余式 $r'(x)$。

（2）按余式 $r'(x)$ 用查表的方法或通过某种运算得到错误图样 $E(x)$，例如，通过计算校正子 S 和利用许用码组表的关系，就可确定错码的位置。从 $R(x)$ 中减去 $E(x)$，便得到已纠正错误的原发送码组 $A(x)$。

【例 6-4】 已知循环码的生成多项式为 $g(x)=x^3+x+1$，当信息位为 1000 时，写出它的监督位和码组。

解 已知 $g(x)=x^3+x+1$，最高为 3 次，即 $r=3$，在信息码 1000 后加 3 个 0，即 1000000 作为被除数，从 $g(x)$ 得除数 1011。1000000 除以 1011，运算以后得余数 101，此即为监督位，所以码组为 1000101。

【例 6-5】 （3，2）循环码的生成多项式为 $g(x)=x+1$。试求信息位为 10 时的监督位和码组，当传输中第 2 位信息码错误时，接收端的检测能力如何？

解 （3，2）循环码 $r=3-2=1$，有 1 位监督码元，在信息位后加上一个 0 作为被除数 100，对应于 $g(x)$ 的除数为 11，其余数为 1，即为监督位。

当传输中第 2 位有差错时，收到的码组为 111，将它作为被除数，除数为 11，则存在余数，说明不能整除，有错误，即可以检错，但不能纠错。因为（3，2）码的 $d_{\min}=2$，所以不能纠错，只能检出一个错误。

6.4 卷 积 码

在一个二进制分组码(n,k)当中，包括k个信息位，码组长度为n，每个码组的(n,k)个监督位仅与本码组的k个信息位有关，而与其他码组无关。为了达到一定的纠错能力和编码效率，分组码的码组长度n通常都比较大。编译码时必须把整个信息码组存储起来，由此产生的延迟随着n的增加而线性增加。

为了减少这个延迟，人们提出了各种解决方案，其中卷积码就是一种较好的信息编码方式。这种编码方式同样是把k个信息比特编成n个比特，但k和n通常很小，特别适应于以串行形式传输信息，减小了编码延迟。

与分组码不同，卷积码中编码后的n个码元不仅与当前段的k个信息有关，而且也与前面$N-1$段的信息有关，编码过程中相互关联的码元为nN个。因此这N段时间内的码元数目nN通常被称为这种码的约束长度。卷积码的纠错能力随着N的增加而增大，在编码器复杂程度相同的情况下，卷积码的性能优于分组码。另一点不同的是：分组码有严格的代数结构，但卷积码至今尚未找到如此严密的数学手段，把纠错性能与码的结构十分有规律地联系起来。目前大都采用计算机来搜索码。

下面通过一个例子来简要说明卷积码的编码工作原理。

正如前面已经指出的那样，卷积码编码器在一段时间内输出的n位码，不仅与本段时间内的k位信息位有关，而且还与前面m段规定时间内的信息位有关，这里的$m=N-1$通常用(n,k,m)表示卷积码。注意：有些文献中也用(n,k,N)来表示卷积码。图 6-7 就是一个卷积码的编码器，该卷积码的$n=2$，$k=1$，$m=2$，因此它的约束长度$nN=n\times(m+1)=2\times3=6$。

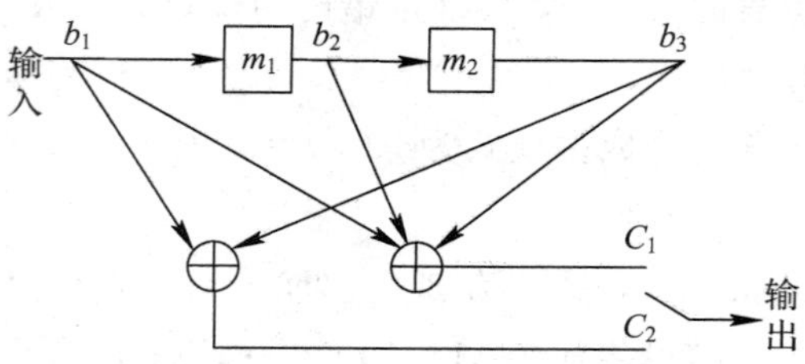

图 6-7 (2，1，2)卷积码编码器

在图 6-7 中，m_1与m_2为移位寄存器，它们的起始状态均为零。C_1、C_2与b_1、b_2、b_3之间的关系如下

$$C_1=b_1+b_2+b_3$$
$$C_2=b_1+b_3 \tag{6-26}$$

假如输入的信息为$D=[11010]$，为了使信息D全部通过移位寄存器，还必须在信息位后面加 3 个 0。表 6-7 列出了对信息D进行卷积编码时的状态。

表 6－7　对信息 D 进行卷积编码时的状态

输入信息 D	1	1	0	1	0	0	0	0
b_2b_3	00	01	11	10	01	10	00	00
输出 C_1C_2	11	01	01	00	10	11	00	00

描述卷积码的方法有两类，即图解法和解析法。解析法较为抽象难懂，而用图解法来描述卷积码简单明了。常用的图解法包括树状图、网格图和状态图等。基于篇幅原因这里不详细介绍。

卷积码的译码方法可分为代数译码和概率译码两大类。代数译码方法完全基于它的代数结构，也就是利用生成矩阵和监督矩阵来译码。在代数译码中最主要的方法就是代数逻辑译码。概率译码比较常用的有两种，一种是序列译码，另一种是维特比译码。虽然代数译码所要求的设备简单，运算量小，但其译码性能(误码)要比概率译码方法差很多。因此，目前在数字通信的前向纠错中广泛使用的是概率译码方法。

小　结

在数字通信中，降低误码率的基本方法是采用差错控制编码，方法是对二进制数字序列进行某种变换使其具有某种规律性，接收端利用这种规律性检出或者纠正错误。但是，要做到这一点，必须加入若干监督码元，这必将降低信息传输有效性。其次我们还需要了解差错控制方式，一般分为四种类型：检错重发、前向纠错、混合纠错和信息反馈，这些方式各有特点，适用于不同的场合。

为了较好地掌握分组码，我们需要了解一些分组码中的基本概念，例如码组中非零码元的数目为码组的重量，简称码重；两个码组中对应码位上具有不同二进制码元的位数定义为两码组的距离，简称码距；在一种编码中，任意两个许用码组间距离的最小值，即码组集合中任意两个元素之间的最小距离，称为这一编码的汉明距离(为检测个 e 错误码，要求最小码距为 $d_0 \geqslant e+1$；为纠正 t 个错误码，要求最小码距 $d_0 \geqslant 2t+1$；为了纠正 t 个错误码，同时检测 e 个错误码，要求最小码距为 $d_0 \geqslant e+t+1(e>t)$)。分组码是信息位和监督位用线性方程联系在一起的一类码。在线性分组码中，接收端是通过计算校正子 S 来检验或者纠正错误。若码长为 n，信息位为 k，则监督位为 $r=n-k$，若希望 r 个监督位构造出 r 个监督关系式，即用 r 个校正子 S 来表示一位错码的 n 种可能性位置，则要求 $2^r-1 \geqslant n$ 或 $2^r \geqslant k+r+1$。监督方程确定了信息位和监督位的关系，给定信息位之后就可以计算监督位。为了计算方便，监督方程可以用矩阵来表示，有了生成矩阵，便可以方便地得到整个码组。

最后要掌握循环码，它是一种重要的线性分组码，它除了具有线性分组码的一般特性之外，还具有循环特性。求循环码编码的方法主要是找到生成多项式 $g(x)$，从而通过 $g(x)$得到多组许用码组。

练习题

一、填空题

1. 差错控制的基本思路就是:发送端在被发送的信息序列上附加________，这些与信息(指数据)码元之间存在某种确定的约束关系；__________端根据既定的约束规则检测这种关系是否被破坏。

2. 差错控制的方式一般可以分为四种类型________、________、________、________。

3. 纠错码的抗干扰能力完全取决于许用码字之间的距离，码的最小距离越______，说明码字间的最小差别越______，抗干扰能力就越______。

4. 码长即码字中码元的数目，码字“10111”的码长为______。码组中______数量简称码重，1101 码组的码重 $W=$______，“101”码组的码重 $W=$________。

5. 在一种编码中，任意两个许用码组间距离的________，即码组集合中任意两个码组之间的________，称为这一编码的最小码距。

6. 在汉明码中，一般来说，若有位监督码元，就可构成______个监督方程，计算得到的校正子有________位，可用来指示________种误码图样。

7. 循环码是一种线性分组码，又称为________码，即前 k 位为________位，后 r 位为______位，它除了具有线形分组码的一般性质外，还具有________性。

二、简答题

1. 循环码的生成多项式，监督多项式各有什么特点？

2. 简述分组码和卷积码的区别。

三、计算题

1. 已知 3 个码组为(001010)、(101101)、(010001)。若用于检错，能检出几位错码？若用于纠错，能纠正几位错码？若同时用于检错与纠错，各能检错、纠正几位错码？

2. 一码长 $n=15$ 的汉明码，监督位 r 应为多少？编码速率为多少？试写出监督码元与信息码元之间的关系。

3. (7，4)循环码的 $g(x)=x^3+x+1$ 若输入信息组(0111)，试设计该(7，4)码的编码电路及工作过程，求出对应的输出码组。

4. 已知(7，3)分组码的监督关系式为

$$\begin{cases} x_6+x_3+x_2+x_1=0 \\ x_6+x_2+x_1+x_0=0 \\ x_6+x_5+x_1=0 \\ x_6+x_4+x_0=0 \end{cases}$$

求其监督矩阵、生成矩阵、全部码字及纠错能力。

5. 设一线性分组码，码字为 $A=(a_8,a_7,a_6,a_5,a_4,a_3,a_2,a_1,a_0)$，码元之间有下列关系：

$$
\begin{cases}
a_3 = a_8 + a_7 + a_5 + a_4 \\
a_2 = a_8 + a_6 + a_5 + a_4 \\
a_1 = a_8 + a_7 + a_6 + a_4 \\
a_0 = a_8 + a_7 + a_6 + a_5
\end{cases}
$$

试求：(1) 信息码元长度 k，码字长度 n；

(2) 监督矩阵 $\boldsymbol{H}$；

(3) 最小码距 d_0。

参考文献

[1] 冯穗力，等. 数字通信原理[M]. 2 版. 北京：电子工业出版社，2016.
[2] 周英. 数字与数据通信技术[M]. 北京：科学出版社，2010.
[3] 杨文山，方致霞，尚勇，等. 数字通信[M]. 北京：人民邮电出版社，2011.
[4] 啜钢，高伟东，等. 移动通信原理[M]. 2 版. 北京：电子工业出版社，2016.
[5] 邢彦辰. 数据通信与计算机网络[M]. 2 版. 北京：人民邮电出版社，2015.
[6] 王兴亮. 数字通信原理与技术[M]. 4 版. 西安：西安电子科技大学出版社，2016.
[7] 李斯伟，胡成伟，等. 数据通信技术[M]. 3 版. 北京：人民邮电出版社，2011.
[8] 苗长云. 现代通信原理[M]. 北京：人民邮电出版社，2012.
[9] 曹志刚，钱亚生. 现代通信原理[M]. 北京：清华大学出版社，2012.